먹고
마시는
모든 것

화학자 김준곤 교수가 전하는
음식의 과학 이야기

맨투맨사이언스

지은이의 말

　과학 연구를 업으로 삼기로 한 지 20여 년이 지났습니다. 그동안 세상을 바라보고 이해하는 관점과 자세가 많이 바뀌었습니다. 명쾌한 해답을 내는 것을 좋아하던 청년은 세상 모든 것이 애매하고, 하나하나 이해해가다 보면 더 어려워져서 다시 원점으로 돌아오게 된다는 것을 경험하게 됐습니다. 분자 간의 충돌과 그에 따른 반응을 연구하던 과학도는 이제 너무나 복잡해서 막막함을 느끼는 것이 당연한 의약화학을 연구합니다. 세상은 참 어렵습니다. 나는 이렇게 어렵고 힘든데, 인터넷 방송이나 텔레비전을 보면 너무나 명쾌하게 답을 줍니다. 답을 딱 알려주는 자신감이 부럽지만, 가슴 한편에는 불안감이 자리를 차지합니다. "저렇게 단정적으로 이야기해도 되는 걸까?"

　언젠가 종종 즐겨 마시는 콜라를 두고 아내와 언쟁을 했습니다. 다양한 미디어에서 그렇게 몸에 안 좋다는데 왜 자꾸 마시냐며 아내가 잔소리하더군요. 궁금증이 생겼습니다. 왜 이렇게 나쁘다고 하는 음료가 이렇게 많이 팔릴 수 있는 것일까? 콜라에 관한 문헌을 찾다 보니 답을 내기가 매우 어렵더군요. 그 외에도 먹고 마시는 모든 것이 우리가 연구하는 질병만큼 복잡하고 어렵더군요. 너무나도 당연해서 굳이 고민도 하지 않던 내 일상의 식생활이 모두 복잡한 자연현상이니, 과학자로서 이를 정리하는 일을 한번 해보고 싶었습니다. 과학자는 해당 분야를 오랜 시간 연구하여 다른 전문직 못지않게 전문성을 가지고 있지만, '내 말만 안 믿는 우리 식구들'에게도 한번 보여주고 싶었습니다. 아빠가, 남편이 인터넷이나 TV 프로그램에 나오는 분들 못지않게 신뢰할 수 있는 사람이라는 것을. 그리고, 일주일에 콜라 한두 캔 마셔도 괜찮다고.

그래서 집필을 시작했습니다. 여기저기 산발적으로 흩어져 있던 음식과 건강에 관한 내용을 '탄수화물, 단백질, 지방, 물, 비타민, 무기물'로 정의된 6대 영양소로 나누고 주제별로 미디어와 연구논문에서 가장 활발하게 문제시하는 부분을 찾고 연관된 문헌을 정리하였습니다. 집필이 밀리지 않게 하려고 '맨투맨사이언스의 과학 이야기' 블로그에 연재를 시작했습니다. 그림 작가를 따로 모시고 싶었지만, '신경모세포종 이야기'와 '뭐 하는지는 알고 대학가자'에서 아마추어지만 그래도 쓸만했다는 '듣기 좋은 평가'만을 받아들여 삽화도 직접 그렸습니다. 주제별 내용을 요약하여 잘 넣으려 노력했으나, 전문 교육을 받지 못해서 한계가 있는 점에 양해를 구합니다. 분자 이름과 화학식이 종종 나옵니다. 내용이 어려워지니 넣지 말라는 의견도 있었으나, 막연히 '탄 고기를 먹으면 암에 걸린다'라는 불확실한 정보로 겪을 수 있는 혼란보다 "고기를 구울 때 지방이 열에 의해 반응하여 벤조피렌과 같은 다환방향족탄화수소(polycyclic aromatic hydrocarbon, PAH)나

양념에서부터 형성된 헤테로고리아민(heterocyclic amine)과 같은 발암물질(carcinogen)을 형성한다"라고 원인물질 등을 한 번 짚어주는 것이 나은 듯했습니다. '난 이런 화학명이나 화학식이 싫다'는 분은 그냥 그런 물질이 있구나 하고 넘어가셔도 무방합니다.

내 말은 잘 안 믿어도, 주말에 원고 쓰고 그림 그린다고 방에서 나오지 않던 아빠와 남편을 이해해주던 아들, 딸, 아내에게 사랑과 함께 이 책을 바칩니다. 연구하는 과학자가 대중과 소통한다며 들고 온 대중성 없는 콘텐츠를 지지하고 여기까지 같이 온 맨투맨사이언스에도 감사합니다. 블로그에 연재할 때부터 듣기 좋은 말만 해주며 응원해 주던 제자들에게도 고마움을 전합니다.

과학 대중화 사업을 하느라고 본업인 연구와 교육이 소홀히 되는 것은 아닌지 걱정해주시는 분들만큼 저도 걱정했습니다. 이 부분은 2019년 국제주기율표의 해(International Year of the Periodic Table)를 맞이하여 '주기율표와 원소: 150년의 이야기' 동영상(https://tv.naver.com/periodictable)을 제작할 때 대한화학회 화학세계지(紙)에 기고한 문장으로 대신 하며 이만 인사말을 마치겠습니다.

"'연구'를 통하여 사회의 지식을 넓혀가고, 이를 '교육'함으로써 후

학을 양성하며, 이러한 연구를 지원해 준 사회에 공유하는 '봉사'를 통해서 사회가 과학 연구를 지속하게 해줄 수 있는 계기를 마련하는 일련의 선순환 과정을 몸소 체험하며, 3대 의무의 교집합은 결국 과학자 본인의 발전이라는 점을 느낄 수 있었습니다. (김준곤, 대한화학회 화학 세계 2019년 6월호, 운영위원 서신중에서)."

2021년 여름

김준곤

| 목차 |

지은이의 말　　　　　　　　　　　　　　　　　　　　　　　3

1장 우리가 먹고 마시는 모든 것이 과학!
1. 과학은 항다반사　　　　　　　　　　　　　　　　　　12

2장 소화작용과 영양소
1. 에너지원이나 몸의 구성성분이 되는 물질, 영양소　　　18
2. 음식물을 분해하고 흡수하는 소화기관　　　　　　　　21

3장 생명의 근원인 물
1. 신비한 물질, 물　　　　　　　　　　　　　　　　　　28
2. 신비한 용매, 물　　　　　　　　　　　　　　　　　　32
3. 다양한 음료의 기반인 물　　　　　　　　　　　　　　36

4장 음료 속 과학
1. 복잡한 수용액, 탄산음료　　　　　　　　　　　　　　44
2. 중독에 조심해야 할 탄산음료　　　　　　　　　　　　49
3. 복잡한 혼합물인 우유　　　　　　　　　　　　　　　54
4. 유제품 음료는 건강에 좋을까, 나쁠까?　　　　　　　　60
5. 오후의 여유, 커피와 차　　　　　　　　　　　　　　　66
6. 과일주스에도 당분은 많습니다　　　　　　　　　　　73

5장 술잔 속 과학

1. 술의 독성학 — 82
2. 발효주의 대표주자 맥주 — 88
3. 골라 먹는 재미, 다양한 맥주의 세계 — 95
4. 맥주는 맛있지만, 건강음료는 아닙니다 — 101
5. 와인, 1,000여 종 화합물의 향연 — 106
6. 너무 다양해서 복잡하기까지 한 와인 — 112
7. 막걸리와 청주, 그리고 약주 — 119
8. 위스키, 브랜디, 그리고 소주 — 125

6장 조미료의 과학

1. 짠맛을 내는 소금 — 136
2. MSG는 높은 악명만큼 나쁜 조미료일까? — 142
3. 감칠맛은 복합적인 화학작용의 결과 — 148
4. 짠맛과 감칠맛의 조화, 장 — 154
5. 매운맛의 조미료 — 160

7장 탄수화물 속 과학

1. 빵과 밥, 탄수화물의 종류와 그 영향 — 172
2. 쫄깃하고 부드러운 국수와 빵, 글루텐과 효모의 합작 — 177
3. 튀김의 미학 — 183

8장 단백질 속 과학

1. 고기, 고기, 고기!   192
2. 고기, 욕심과 재난   198
3. 고기, 대체할 수 있을까?   204

9장 지방 속 과학

1. 오해도 많지만, 진실도 모르겠을 지방   216
2. 한 끗 차이로 결정되는 몸에 좋은 지방과 나쁜 지방   223

10장 영양보충제

1. 비타민 영양보충제 섭취의 기대와 효과   234
2. 영양보충제를 꼭 먹어야 할까요?   241

11장 친환경 식품

1. GMO 대 유기농 식품   250

12장 먹고 마시는 모든 것

1. 건강한 다반사   262

참고문헌   267

1장

우리가 먹고 마시는 모든 것이 과학!

1.1 과학은 항다반사

우리는 매일 먹고 마십니다. '보통의 예사로운 일'이라는 뜻의 '항다반사(恒茶飯事)'라는 사자성어에서도 알 수 있듯이 음식을 먹고 마시는 일은 항상 있는 일입니다. 우리 인간을 포함한 모든 생명체는 음식을 통해서 생명을 이어 나갈 재료와 에너지를 얻습니다. 생명을 이어 나가고 번식하는 것, 즉 생존은 모든 생명체의 본능입니다. 항상 하는 일이지만 먹고 마시는 일만큼 중요한 일은 없습니다. 생명의 진화가 음식물의 효과적인 채집을 위한 결과였다고 해도 과언이 아닐 정도로, 음식물을 섭취하는 것은 생명체에게 중요한 일입니다. 초기 생명체였던 원핵생물은 수동적이고 무작위적인 움직임을 가졌습니다. 이런 세포 수준에서 감각기관과 운동기관을 생성하고 발달시켜 정보를 수집하여 방향성을 가지는 운동을 하게 된 것은 더 효율적인 음식물의 채집을 위한 것이었다는 설명도 있습니다.

언제 어디서 읽었는지 모르지만, 'I am what I eat(내가 먹는 것이 곧 나다)'이라는 문장을 접한 적이 있습니다. 시간과 돈이 항상 부족했던 학부생 때는 '신선하고 영양 균형이 잘 맞는 음식을 먹고 건강해

지자' 정도의 의미로 가볍게 지나쳤습니다. 사실 싸고 빠르게 접할 수 있는 패스트푸드로 매일을 연명하던 시기여서, 매우 사치스러운 문장이라고 생각하기도 했습니다. 그러나 단순한 영양 균형에 관한 의미를 넘어서 사회적, 경제적 의미가 있는 문장이 될 수도 있다고 느낀 것은 사회생활을 막 시작했던 시기였습니다. 대학원생이자 계약직 연구원이었던 시절, 아내와 레스토랑에 가서 외식이라도 할 때, 메뉴판에서 가장 싼 음식을 주문하면서 내가 먹는 것에는 나의 사회적, 경제적 위치가 반영될 수 있다는 것을 처음 느꼈던 것이죠. 직업을 갖고 수입이 생긴 이후에도 메뉴판에서 가장 싼 음식을 고르던 버릇은 한동안 고치기 어려웠습니다. 인간에게 음식은 더는 생명현상을 유지하기 위해 어려운 채집이나 사냥 과정에서 얻는 '행동의 작은 보상'이 아닙니다. 음식은 정치, 경제, 종교적 요소를 포함한 사회문화가 되었습니다. 자본주의 사회에서는 경제적 이익의 수단으로도 활용되고 있습니다.

§

세상에 존재하는 모든 물질을 분자 수준에서 연구하는 화학자의 관점에서 음식은 매우 흥미로운 연구대상입니다. 음식의 맛과 향은 음식 속의 다양한 유, 무기물 분자가 미각과 후각의 수용체와 반응한 결과입니다. 그리고 이 분자들은 그 음식을 섭취해도 안전하고 좋다는 것을 기억하게 하는 화학적 마커입니다. 음식물은 섭취 뒤에 다양한 효소에 의해 분해되고 각 장기의 세포가 필요로 하는 분자로 재조합되어 몸을 구성하는 재료로 이용됩니다(뼈가 되고, 피가 되고, 살이 됩니다). 또한, 음식 속 분자가 지니는 에너지는 우리가 운동(일)하고 체온을 유지하게(열나게) 해줍니다. 화학자의 관점에서 섭취된 음식이 몸속에서 일어나는 모든 일이 화학반응입니다.

생존을 위한 영양소를 섭취하기 위해서 음식은 꼭 먹어야 합니다. 값비싸고 진귀하고 맛있는 음식을 먹는 것은 분명히 멋진 일입니다. 하지만 이러한 음식이 나를 건강하게 해준다는 보장은 없습니다. 이제 우리는 음식을 살기 위해서만 먹지 않습니다. 사회적 위치를 과시하기 위해서만 먹는 것도 아닐 것입니다. 건강하게 잘 살기 위해서 먹는 것이 현대 사회에서 우리에게 더 맞는 일일 것입니다. 그러면, 어떤 음식이 우리에게 건강한 음식일까요? 우리가 건강하다고 듣고 여기는 음식이 정말 건강한 음식일까요? 음식으로 경제활동을 하지 않는 과학자의 견해로 우리가 항상 먹고 마시는 '항다반사'를 한번 살펴보도록 하겠습니다.

2장

소화작용과 영양소

2.1 에너지원이나 몸의 구성성분이 되는 물질, 영양소

우리는 음식을 통해서 영양소를 섭취합니다. 영양소란 에너지원이나 몸의 구성성분이 되는 물질을 일컫습니다. 우리가 잘 알고 있는 탄수화물, 단백질, 지방, 이 세 가지 유기물질(탄소를 기본 구성으로 하고 화학반응이 잘 일어나는 화합물)을 3대 영양소라고 합니다. 3대 영양소 모두 몸을 구성하는 물질입니다. 3대 영양소에 미네랄(무기질), 비타민과 물이 추가되어 6대 영양소라고 합니다.

탄수화물은 섭취 후 소화 과정을 통해서 분해되고 변형됩니다. 주로 단당류인 포도당 상태에서 세포의 에너지원으로 사용됩니다. 뇌, 신경, 폐, 근육 등 많은 조직에서 에너지원으로 쓰고, 간과 근육 속에 글리코겐(glycogen)이라는 포도당이 여러 개 연결된 고분자 형태로 저장되기도 합니다. 에너지원 외에도 탄수화물은 체내의 단백질, 지질, 세포막 등 다른 물질과 결합하여 단백질의 활성과 같은 다양한 세포작용에 관여하기도 합니다. 또한, DNA와 RNA를 구성하는 핵산의 구성 요소로도 사용됩니다. 섭취한 단백질은 소화 과정을 통해 아미노산으로 분해되어 각종 대사 작용, 면역 작용, 신호 전달 등 생명 활동의 거의 모든 작용에서 중요한 역할을 하는 체내 단백질을 합성하기 위한 재료로 사용됩니다. 우리 몸을 구성하는 기본 단위인 세포는 '다양한 단백질로 이루어진 사회'라고 할 수 있을 정도로, 단백질은 생명의 필수 요소라고 할 수 있습니다. 근육, 머리카락, 손톱 등 우리 몸의 주요 구성성분이기도 합니다. 다이어트의 적이라는 오해를 받는 지방은 에너지 저장에만 사용되는 것이 아니라, 세포막의 주성분으로 사용되는 등 구조적 기능을 가지며 인체 내 대사기능에 활발하게 관여합니다.

§

6대 영양소에 포함되는 미네랄은 우리 몸에 미량으로 존재하지만, 꼭 필요한 무기물(유기물이 아닌 물질)을 지칭하는 말입니다. 철, 칼슘, 인, 소듐(나트륨), 구리, 아연, 염소, 아이오딘(요오드) 등 다양한 물질이 있습니다. 비타민은 많은 양이 필요하지는 않지만, 우리 몸속에서 중요한 역할을 하는 유기물로, 우리가 몸속에서 스스로 합성하지 못하기 때문에 음식을 통하여 섭취해야 하는 분자들입니다.

물은 생명의 근원입니다. 모든 생명은 물에서부터 발생했고, 아직도 생명을 이루는 데 중요한 역할을 합니다. 우리 몸의 60% 이상이 물로 구성되어 있으니, 사실은 우리 몸속의 모든 현상은 물속에서 일어

나고 있다고 해도 과언이 아닙니다. 물의 독특한 물리, 화학적 성질이 다른 다양한 용매(solvent)와 구별되게 합니다. 화학과 생명과학에서는 세상의 모든 물질을 일차적으로 '물에 녹는 것(수용성)'과 '물에 녹지 않는 것(지용성)'으로 구분할 정도로 물이라는 용매는 생명현상을 비롯해 세상의 모든 현상에서 매우 중요한 물질이라고 할 수 있습니다. 생명의 기반인 물을 굳이 '영양소'로 포함하지 않고, 그 외 영양소를 5대 영양소라고 부르기도 합니다.

2.2 음식물을 분해하고 흡수하는 소화기관

영양소들은 우리가 섭취한 음식물을 몸속에서 분해하고 흡수하는 소화 과정을 통해 사용됩니다. 흡수하지 못하고 남은 찌꺼기는 몸속에서 배출됩니다. 이렇게 음식의 섭취부터 소화와 제거까지 하는 기관을 소화기관이라고 합니다. 소화기관은 입에서부터 항문까지 연결된 기관(소화관)과 소화관 외부에서 소화작용을 돕는 물질을 분비하는 기관들을 모두 포함합니다. 소화관은 구강, 인후, 식도, 위, 소장, 대장, 직장, 항문으로 구성되어 있습니다. 소화관 외부의 소화기관으로는 췌장, 간, 쓸개가 있습니다.

소화기관은 섭취한 음식을 물리적(저작), 화학적(소화)으로 분해해서 필요한 영양소를 분자 수준으로 쪼갠 뒤 선택적으로 흡수하는 작용을 합니다. 이는 매우 경이로운 현상으로, 우리가 매일 하는 소화작용에는 바이오 연구에서 가장 값비싼 연구 중 하나인 omics(체학: 현대 생명과학에서 많은 분자나 세포 등의 집합체 전부를 연구하는 학문) 연구를 위한 모든 첨단기술이 매우 높은 효율로 수행되고 있다는 것입니다. 다른 방향으로 생각해보면 omics 연구의 목표가 인체 내에서 일어나는 현상의 규명이라는 점에서 아직 우리의 기술이 자연의 복잡함과 정밀함을 따라가지 못한다고 할 수 있습니다. 음식물의 소화 과정은 매우 복잡한 과정입니다. 본문에서는 간략하게 학창 시절에 배운 내용을 정리해보는 정도로 소개해드리겠습니다.

음식물을 입을 통해 섭취하면 치아를 통해 씹어 분쇄합니다. 이때 구강 안으로 분비되는 침은 음식물을 적셔 쉽게 분쇄할 수 있게 도와줍니다. 침 속의 아밀레이스(amylase)라는 소화효소가 탄수화물을 화학적으로 분해합니다. 음식물은 인후와 식도를 지나 위 속에서 일정 시간 머물며 물리, 화학적으로 더 분해됩니다. 위는 음식물을 기계적으로 부숴 작은 입자로 만듭니다. 위벽에서는 위액이 나오며, 위액 속 염산과 단백질 분해효소인 펩신이 단백질을 분해합니다. 샘창자라고도 불리는 십이지장은 소장의 첫 부분을 지칭합니다. 많은 소화

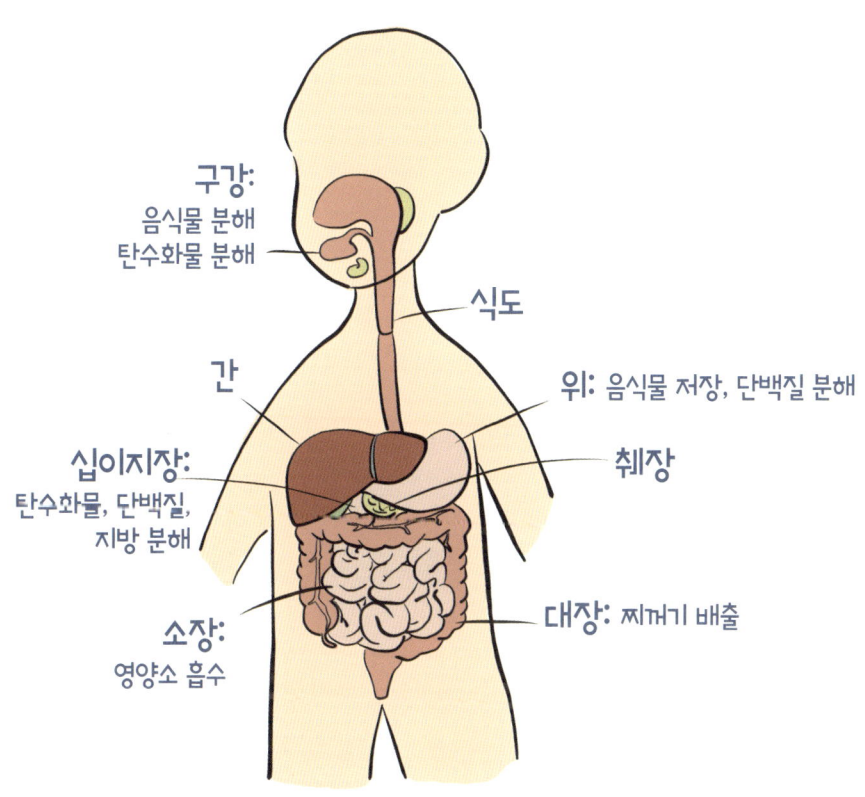

효소가 십이지장에서 분비됩니다. 탄수화물을 분해하는 아밀레이스와 단백질을 분해하는 트립신(trypsin), 키모트립신(chymotrypsin), 카복시펩티데이스(carboxypeptidase) 효소가 췌장으로부터 십이지장으로 분비됩니다. 지방의 분해도 십이지장에서 본격적으로 이뤄집니다. 중성지방을 분해하는 라이페이스(lipase)라는 효소는 구강이나 위에서도 소량 분비되나, 췌장에서 주로 분비됩니다. 십이지장 다음에 위치한 소장 안에서도 소화효소가 분비되어 탄수화물, 단백질, 지질들의 분해가 진행됩니다. 그리고 분해된 분자들의 흡수가 바로 이 소장에서 이뤄집니다. 미네랄과 비타민도 주로 소장에서 흡수됩니다. 대장에서는 주로 소화가 안 된 음식물로부터 수분을 흡수하고, 남은 찌꺼기를 몸 밖으로 배출합니다.

소장에서 흡수된 영양소는 혈액을 타고 몸속의 세포에 도달하여, 세포 활동에 필요한 작용에 사용됩니다. 우리가 마신 물의 80%도 소장에서 흡수됩니다. 흡수되지 않고 남은 물은 대장에서 변을 묽게 만들어 배변 활동을 쉽게 해주며, 일부는 대장 정맥으로 흡수됩니다. 소화관의 장막은 각종 세균이나 소화가 덜 된 큰 음식물 덩어리, 살충제, 농약 등 우리 몸에 해로운 물질들이 혈액으로 흡수되지 않도록 조절해 줘 우리 몸을 보호합니다.

이렇게 영양소와 소화기관을 살펴보니 의외로 단순하다는 느낌도 있습니다. 요약하자면 소화기관은 6대 영양소를 소장에서 흡수하기 위해 으깨고 분해하고, 남은 것은 대장을 통해 배변으로 배출하는 작용을 합니다. 그리고 영양소가 아닌 물질은 흡수하지 않습니다. 하지만, 우리가 일상에서 대중매체를 포함하여 다양한 경로로 보고 듣고 배우는 음식물과 영양소에 관한 내용은 매우 다양하고 복잡합니다. 그 이유는 흡수된 영양소가 몸속에서 분자 수준에서 작용하기 때문입니다. 그러면 우리가 매일 겪는 음식과 영양에 관해 이해하려면 분자 수준에서 알아봐야 하겠네요. 단순하게 어떤 성분이 있어서 몸에 좋다, 나쁘다가 아닌, 조금은 깊이 있게, 하지만 너무 어렵지 않게 음식과 영양소, 그리고 독성물질에 대해서 '분자 수준'에서 알아보겠습니다.

3장

생명의 근원인 물

3.1 신비한 물질, 물

물은 매우 특이한 분자입니다. 산소 원자 하나에 수소 원자 두 개로 이뤄졌습니다. 전자를 좋아하는 산소 원자가 수소 원자의 전자를 가져가려는 경향을 보이며 '부분 음전하'를 띠게 되고, 두 개의 수소 원자는 반대로 '부분 양전하'를 가집니다. 분자량이 18Da(탄소의 원자량 12Da을 기준으로 한 무게)밖에 안되는 작은 분자이지만, 우리가 생활하는 일상 기압과 온도(대기압, 상온)에서 액체로 존재합니다.

물은 일반적으로 알려진 액체 중에서 극성이 가장 강합니다. 분자를 구성하는 수소 원자와 그 옆의 전자가 풍부한 원자 간에 가지는 정전기적 인력에 의한 작용을 '수소결합'이라고 합니다. 물은 수소 원자와 전자가 풍부한 산소 원자로 이루어져 있어, 물 분자 상호 간에 수소결합을 형성합니다. 이러한 물 분자의 극성과 분자 간의 정전기적 인력 때문에 물 안에서 일부 물 분자가 수소 이온(H^+)과 수산화 이온(OH^-, 하이드록시 이온)으로 분해됩니다. 보통 액체 상태에서 10^{-7} 몰 농도(M)의 물 분자가 분해되어 같은 양의 수소 이온과 수산화 이온을 내놓기 때문에, 물의 pH(= -log (수소 이온 몰 농도))가 7이고 이 상태를 중성이라고 합니다. 물 안의 수소 이온의 농도가 증가할수록 산성용액이라고 하며, pH는 더 낮아집니다.

물 분자는 크기가 작아서 유연성이 부족합니다. 가볍고 극성이 강해서 물 분자 간에 강한 수소결합을 이루지만, 유연성이 부족하므로 수소결합을 이어가려면 일정한 방향으로 나열돼야 합니다. 하나의 물 분자를 중심으로 네 개의 물 분자가 사면체 방향으로 수소결합을 형성합니다. 액체 상태에서는 물 분자가 가지는 움직임이 비교적 자유로워서, 분자 간의 수소결합을 계속 맺었다 끊었다 하며 비교적 자유롭게 움직입니다.

온도가 0°C보다 낮아지면 물 분자의 움직임이 적어지고, 물 분자 간의 수소결합을 최대한 많이 이루어서 고체 상태인 '얼음'이 됩니다. 얼음이 되면서 물 분자 간에 사면체 방향으로 수소결합을 형성하며 굳어가고, 그 결과 육각형 구조로 분자들이 나열됩니다. 이런 이유로 눈꽃에서 볼 수 있듯이 뾰족뾰족하게 얼음 결정이 만들어집니다. 육각형 구조의 결정구조는 물이 액체에서 고체가 될 때 부피가 더 커지게 합니다. 결과적으로 얼음의 밀도가 액체인 물보다 낮아서 얼음이 물 위에 뜨게 되는 것입니다.

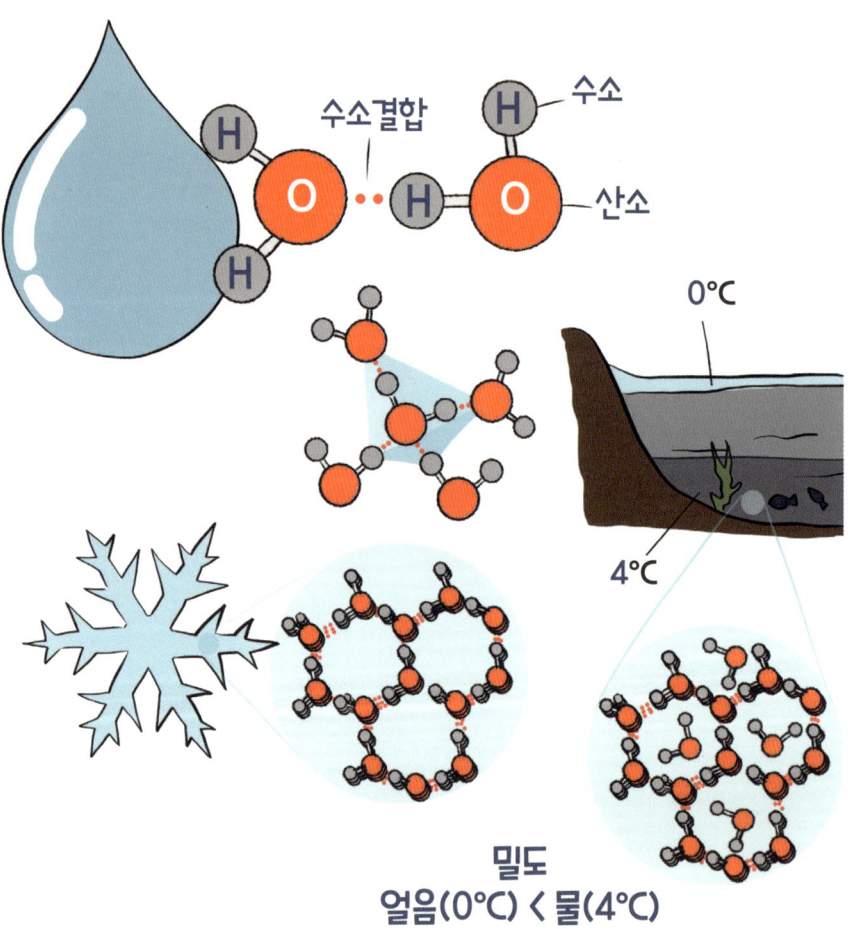

물은 대기압에서 4℃일 때 밀도가 가장 높습니다. 낮은 온도 때문에 물 분자의 움직임이 둔화되면서 육각형 구조로 배열되지만, 아직 움직일 수 있는 물 분자들이 육각형 구조 사이의 공간을 채우면서 밀도가 높아집니다. 겨울철 호숫가 바닥의 물의 온도는 밀도가 가장 높은 4℃로 얼지 않아 물고기가 살아갈 수 있게 해줍니다.

물의 끓는점은 대기압에서 100℃입니다. 매우 높은 온도입니다. 이런 높은 온도에서 물이 액체에서 기체로 변하는 것은 강한 수소결합 때문입니다. 물 분자 간의 강한 상호작용을 끊고 서로 멀리 떨어져 있는 기체 상태가 되기 위해서는 많은 열이 필요합니다. 높은 온도의 끓는 물은 오랫동안 병균을 죽이는 살균에 이용됐습니다. 병균도 다른 생명체와 같이 탄수화물, 지방, 단백질로 구성되어 있습니다. 물속의 단백질은 60~70℃에서 구조가 변하게 되는데, 이는 열을 받은 물 분자가 단백질의 정상 구조를 유지하는 작용을 방해해서 그렇습니다. 물은 액체 상태에서 100℃의 높은 온도까지 올라갈 수 있으므로, 끓는 물을 이용하면 병균 속 단백질이 변성돼 살균할 수 있습니다.

우리 몸의 60% 이상을 차지하고 하루 2L의 섭취가 필요한, 생명의 근원인 물은 참 신비로운 물질입니다.

3.2 신비한 용매, 물

우리는 매일 수용액(aqueous solution)을 마십니다. 용액(solution)이란 두 물질 이상이 분리되지 않은 채 균일하게 섞여 형성된 물질을 말합니다. 대부분 액체로 존재하지만, 고체나 기체도 균일하게 섞여 있으면 용액이라고 합니다. 용액은 용매(solvent)와 용질(solute)로 이루어져 있습니다. 두 가지 이상의 액체가 섞여 있다면 양이 많은 물질이 용매, 양이 적은 물질을 용질이라고 부릅니다. 두 가지 다른 상태의 물질(예: 고체+액체, 기체+액체)이 섞여서 액체가 됐다면, 액체가 용매이고 다른 상태의 물질이 용질이 됩니다. 수용액이란 물이 용매인 용액입니다. 여기서 용질은 무엇이든 물에 녹는 물질이면 다 가능합니다. 주스나 차, 콜라, 사이다, 이온 음료, 맥주, 소주 등 대부분 음료가 다 수용액입니다. 즉, 물에 녹는 다양한 성분들이 용질로 물에 녹아있는 것입니다.

우리가 흔히 마시는 생수도 미네랄 성분이 녹아있는 수용액입니다. 물속에 녹아있던 용질 성분은 정수과정이나 증류를 통해 제거할 수 있습니다. 일반 가정에서 사용하는 정수기는 수돗물 속 용질의

99%를 제거해줍니다. 물을 끓여서 다시 받은 물은 증류수라고 하는데, 두 번 증류한 증류수를 여과하여 용질 성분을 완전에 가깝게 제거한 순수한 물을 3차 증류수(deionized water)라고 합니다. 순수한 물을 마시면 복통과 설사 증상이 있을 것이라는 오해가 있지만, 이는 잘못된 정보입니다. 순수한 물을 마셔도 특별히 문제가 될 일은 없습니다. 일단, 세상의 모든 용기에는 소금이 일정 수준 이상 항상 묻어 있습니다. 이미 3차 증류수를 마시려고 컵에 따르는 순간 적은 양이지만 일정 수준의 용질이 녹아 들어갑니다. 그리고 우리 입안에 들어가는 순간부터 소장에서 흡수될 때까지 소화기관을 거쳐 가며 체내에 높은 농도로 존재하는 다양한 용질이 녹아 들어갑니다. 그래서 소장에 도달했을 때 더는 순수한 물이 아니게 됩니다.

생수라고 해도 생산지역이나 브랜드에 따라서 맛이 다릅니다. 물맛을 결정하는 큰 요인으로는 녹아있는 미네랄의 종류와 양, 그리고 물의 산도가 있습니다. 미네랄 성분과 산도는 어느 정도 연관이 있습니다. 마시는 물은 미네랄의 성분 조성에 따라서 센물(경수, hard water)과 단물(연수, soft water)로 나눌 수 있습니다. 센물은 칼슘(Ca^{2+})과 마그네슘(Mg^{2+}) 이온의 함량이 높은(> 120mg/L) 물로 텁텁하고 쓴맛을 가집니다. 단물은 칼슘과 마그네슘의 함량이 낮은(< 60mg/L) 물론 상대적으로 소듐(나트륨, Na^+)과 포타슘(칼륨, K^+) 이온의 함량이

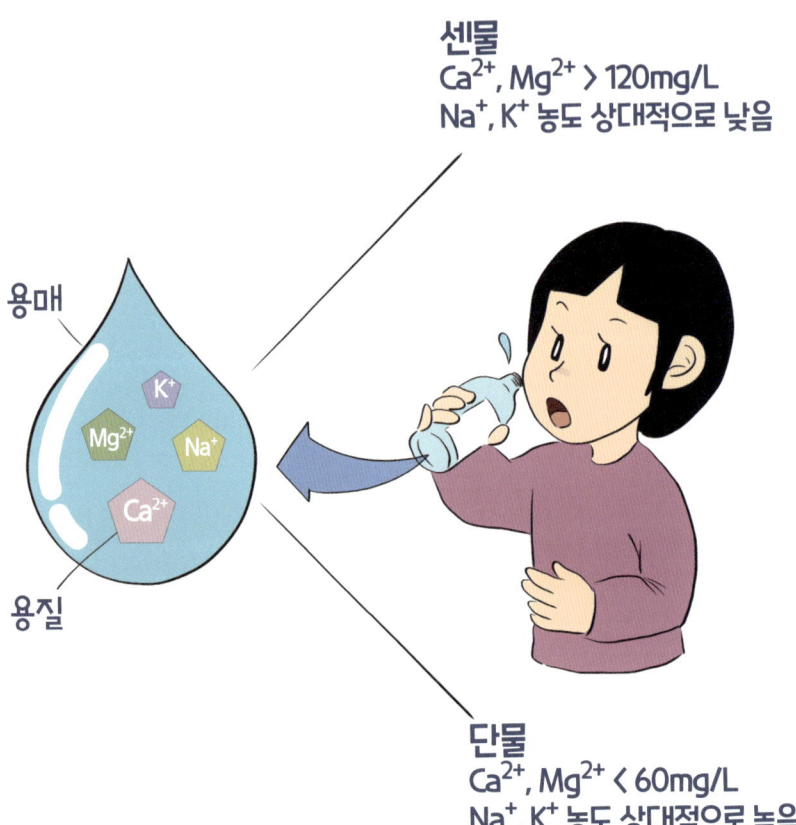

높은 물입니다. 통상 생수의 미네랄 총량이 100mg/L일 때 물이 가장 맛있다고 합니다. 그래서, C 콜라사에서 생산, 판매하는 미국의 D 생수에는 '맛'을 내기 위해서 미네랄을 인위적으로 첨가합니다.

센물은 석회 성분이 많은 수원지에서 주로 생산됩니다. 대기 중의 이산화탄소(CO_2)가 물에 녹으면 탄산(H_2CO_3)을 형성하고, 탄산은 칼슘이나 마그네슘 이온과 결합하여 각각 탄산칼슘과 탄산마그네슘을 형성합니다. 석회암의 주요성분인 탄산칼슘과 탄산마그네슘은 물에 잘 녹지 않고 침전됩니다. 생수의 수원지 지반이 석회암일 경우, 석회암으로부터 칼슘 이온과 마그네슘 이온이 조금씩 물속에 녹아 들어가 센물이 됩니다. 칼슘 이온이나 마그네슘 이온이 물에 녹게 되면 이들 이온과 결합해 있던 탄산염(CO_3^{2-})도 물에 녹게 됩니다. 탄산은 약산성 물질이고 탄산염은 염기성 물질입니다. 수원지 환경에 따라 탄산과 탄산염의 농도가 다를 수 있어 생수가 산성이거나 염기성일 수 있습니다. 순수한 물은 pH가 7 정도의 중성으로 아무 맛이 나지 않지만, pH가 5~6.7 정도로 낮으면 신맛이나 금속 맛이 납니다. 염기성(pH가 7.8~10) 물은 미끌미끌하고 쓴맛이 납니다.

3.3 다양한 음료의 기반인 물

우리가 섭취하는 액체로 된 음식물은 전부 물을 주성분으로 합니다. 우유를 예로 들면, 성분 중 88%는 물입니다. 우유는 주성분이 물이고 여러 가지 물질이 섞여 있지만, 용액은 아닙니다. 균일하게 섞여 있지 않기 때문입니다. 이렇게 탁하게 섞여 있는 물질을 콜로이드(교질, colloid)라고 합니다. 콜로이드 안의 입자는 매우 작아서 시간이 지나도 가라앉지 않고 계속 불투명한 상태로 남아있습니다. 용매에 섞여 있는 물질의 크기가 마이크로미터(μm) 이상이고, 시간이 지나 용매 밑으로 침전하면 현탁액이라고 합니다. 막걸리가 현탁액의 예입니다. 그래서 시간이 지나면 막걸리 속 입자가 가라앉아 상층의 투명한 청주와 하층의 백탁으로 나뉘는 것입니다.

우유와 같은 콜로이드는 물의 매우 중요한 성질을 보여주는 예입니다. 앞서 설명한 바와 같이 물은 극성을 가지고 분자 간의 수소결합으로 상호작용이 강합니다. 이러한 물에 녹아 들어가려면 물 분자 간 상호결합을 깨고 그 사이를 비집고 들어가야 합니다. 친하게 잘 지내던 물 분자가 굳이 수소결합을 깨고 비집고 들어온 이물질을 받아들이려면, 물만 있을 때보다 손해를 보지 않아야 합니다. 새로운 친구가 물 분자끼리만 있을 때보다 더 친하게 지내주면 되겠죠.

물 분자와 친하게 지내려면, 물 분자 간의 수소결합 이상의 작용이 필요합니다. 물 분자와 더 강한 상호작용이나 더 많은 수소결합을 형성할 수 있어야 합니다. 이러한 성질을 가질 수 있는 물질은 극성이 있어야 합니다. 물질의 극성이 강하려면 물질을 구성하는 분자의 크기가 작고, 그 조성이 '전자를 좋아하는 성질'이 서로 다른 원소들로 이뤄져야 합니다. 소듐(나트륨) 이온과 염소 이온으로 이루어진 소금이 대표적인 예입니다. 물에 녹게 되면, 소듐이 본인의 전자를 아예 염소에게 주고 소듐은 양이온이, 염소는 음이온이 되어 각각 물 분자의 산소 원자, 수소 원자와 '이온-쌍극자 작용'을 합니다. 이렇게 분자 수준에서 물 분자와 상호작용을 하며 섞일 때 우리는 균일하게 섞인 용액이라고 합니다. 설탕은 물에 녹여도 쪼개지지 않습니다. 다만 설탕에는 극성을 가진 하이드록시기(OH 작용기)가 많습니다. 각각의 하이드록시기가 물 분자 여럿과 수소결합을 형성합니다. 역시 분자 수준에서 상호작용을 합니다.

지질과 같은 극성이 낮은 분자는 물 분자와 서로 작용하지 않습니다. 서로 친해질 수 없게 되니 물속에 들어온 물질을 물 분자들이 배척

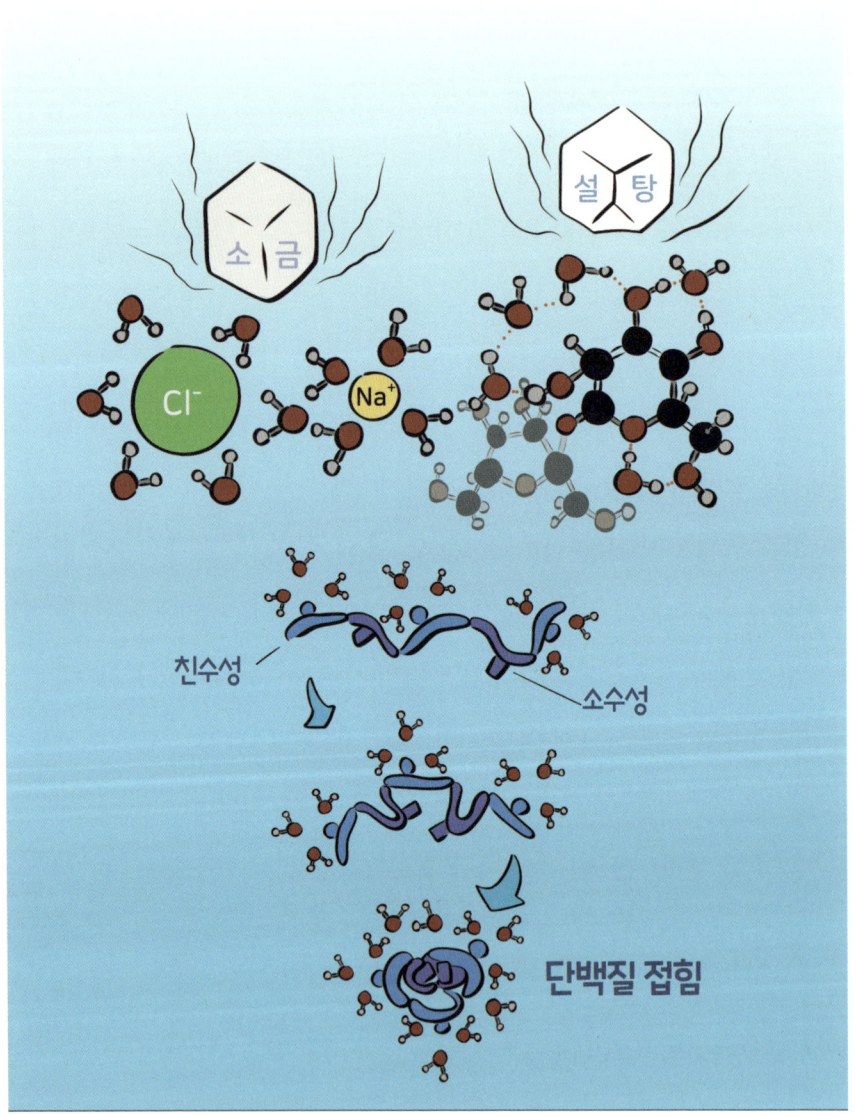

하게 됩니다. 결국은 극성이 낮은 지질 분자들은 자기들끼리 뭉치고 물 분자와 작용을 하지 않게 됩니다. 물과 기름이 섞이지 않고 분리되어 있는 이유입니다. 이런 무극성 물질이 물속에 많아지면 우유와 같은 콜로이드가 형성될 수 있습니다(약간의 물리적 도움이 필요하기는 합니다). 여기서 중요한 화학 법칙을 알 수 있습니다. 분자가 가지는 중요한 성질인 극성에 따라서, 용액이 형성될 수도 안 될 수도 있다는 것입니다. 'Like dissolves like,' '비슷한 것끼리 녹인다'라고 해석할 수 있는 화학작용의 제1 법칙은 우리가 매일 마시는 음료에서 항상 경험하고 있는 것입니다.

하지만 세상을 만화영화처럼(요즘 만화영화는 꼭 이렇지도 않지만요…) 흑백 논리만으로 설명할 수 없듯이 자연에 존재하는 물질도 극성 분자, 무극성 분자만으로 나눌 수 없습니다. 많은 분자가 극성 작용기와 무극성 작용기를 함께 가지기도 하고, 어떤 분자는 너무 큰 극성을 가져서 되려 물 분자와 작용하지 않기도 합니다. 이러한 복잡성을 가진 대표적인 물질이 3대 영양소인 탄수화물, 단백질, 지방입니다. 3대 영양소 모두 탄소를 기본으로 구성된 유기물질입니다. 탄소와 수소가 결합한 가장 단순한 유기 화합물인 탄화수소는 대표적인 무극성 분자입니다. 영양소 분자는 탄화수소를 기본으로 인(P), 산소(O), 질소(N), 황(S)과 같은 원소가 추가로 결합하여 극성 작용기를 가집니다. 물과 직접 작용하는 극성 작용기와 물과 어울리지 않는 무극성 작용기가 혼재되어 있어 물속에서 복잡한 작용을 하게 됩니다. 그 결과 물속에서 3차원 구조를 형성하고 다양한 기능을 수행하며, 우리 몸속 생명 활동에서 중요한 역할을 합니다.

우리 몸의 60% 이상이 물입니다. 물의 신비로운 용매 기능은 우리 몸을 구성하는 영양소들이 다양한 기능을 가질 수 있게 해줘 생명 현상을 중계하기에 최적의 물질입니다. 우주에서 본다면 우리가 사는 도시는 공기로 덮여 있는 사람이 동물, 식물과 상호 작용하며 사는 곳일 것입니다. 화학자의 관점에서 세포는 물로 덮여 있는 단백질이 지질, 탄수화물과 상호 작용하며 사는 도시라고 할 수 있습니다. 물은 분자 수준에서 다양한 작용을 가능하게 해주는 중요한 영양소입니다. 생명현상을 가능하게 해줄 뿐만 아니라, 우리가 풍미 있고 다채로운 음식을 만들고 즐길 수 있게도 해줍니다.

4장

음료 속 과학

4.1 복잡한 수용액, 탄산음료

편의점에 들어가면 한쪽 벽면을 차지하는 냉장고 안 가득 채워진 수많은 종류의 음료수를 접할 수 있습니다. 집에 있는 냉장고를 열어도 생수를 포함해서 주스, 커피, 차, 탄산음료, 이온 음료, 우유 등이 가득 차 있습니다. 물을 기반으로 한 다양한 마실 거리가 만들어져 판매되며, 끊임없이 소비되고 있는 것을 알 수 있습니다. 온종일 유치원생인 딸아이와 씨름하는 이유 중 하나도 음료수입니다. 텔레비전에서 광고하는 다양한 음료수를 마시겠다는 아이와 그냥 '물' 마시라는 아이 엄마…. 어느 집에서나 있는 일로 알고 있습니다. 제가 초등학교 때부터 듣던 음료수에 관한 내용 중 하나가 '콜라'의 해로움이었습니다. 그런데도 40대 중반인 지금까지도 물 다음으로 제일 자주 마시는 음료가 콜라입니다. 아내는 제가 콜라를 즐겨 마시는 것에 항상 불만이 많습니다. '그 몸에 안 좋은 것을 왜 맨날 마시냐'며 마실 때마다 타박합니다. 세계에서 제일 많이 팔리는 검은 수용액, 콜라에 대해서 알아보죠.

콜라는 대표적인 탄산음료입니다. 탄산음료는 이산화탄소(CO_2

가 녹아있는 탄산수에 식품 첨가제를 혼합한 음료를 지칭합니다. 탄산수는 유럽에서 발전되었는데, 토양에 석회암이 많아 지하수가 칼슘과 마그네슘 이온의 농도가 높은 경수라서 그냥 마시기에 어려움이 있었습니다. 18세기에 고압으로 이산화탄소를 물속에 주입한 탄산수가 개발되자 유럽 전체에 큰 유행이 됐습니다. 물에 녹아있던 칼슘 이온과 마그네슘 이온이 탄산과 반응해 탄산칼슘과 탄산마그네슘으로 침전되어, 침전물을 거르면 마시기 쉬워졌기 때문입니다.

탄산수는 주로 차가운 물에 이산화탄소를 고압으로 주입하여 만듭니다. 이산화탄소는 물에 매우 낮은 농도로 용해되는데, 기체의 압력을 높이고 물의 온도를 낮추면 용해도를 높일 수 있습니다. 보통 8℃보다 낮은 온도의 물에 이산화탄소를 고압으로 주입하여 탄산수를 만들고, 탄산수 내 이산화탄소의 농도를 유지하기 위해 용기에 밀봉할 때 이산화탄소를 2.5~3.5기압으로 충전합니다. 이런 이유로 탄산수를 처음 열었을 때 높은 기압의 이산화탄소가 병으로부터 밀려 나오고, 낮아진 병 내 이산화탄소의 압력 때문에 다시 뚜껑을 잘 닫아도 이산화탄소의 농도가 낮아지는 것입니다. 미국 내 탄산음료와 탄산수로부터 나오는 CO_2 배출량은 미국 전체 CO_2 배출량의 0.001%라는 보고가 있습니다. 탄산음료를 만드는 데 사용되는 이산화탄소 대부분은 에탄올 생산과정의 부산물로 나오는 것을 이용합니다. 에탄올 생산량에 따라 이산화탄소의 공급량이 영향을 받아, 2018년과 2020년에 각각 천연가스 가격의 상승과 COVID19 범유행으로 탄산음료 제조에 어려움이 있었습니다. 탄산음료의 주성분인 탄산수는 트림으로 CO_2를 배출하는 것 외에 우리 몸에 특별한 영향이 없다고 보는 것이 맞을 것입니다. 탄산수의 pH는 4~6 정도로 약산성이지만, 소화기 내 위의 pH보다 높습니다. 위에 가벼운 자극을 줄 수는 있지만, 과량으로 장기적으로 복용을 하지 않으면 위장장애를 일으키지는 않을 것입니다.

콜라의 상쾌한 맛은 첨가한 약산성 물질 때문입니다. 콜라에는 탄산 외에 시트르산과 인산이 함유되어 있고, 이들 산성 물질로 인해서 pH가 2.3~2.5 정도로 낮은 편입니다. 구연산이라고도 불리는 시트르산(citric acid)은 감귤류 과일에 흔히 있는 약산입니다. 특유의 시큼한 맛으로 다양한 음료의 첨가물로 사용되지만, 산소 호흡을 하는 생물의 체내 에너지 대사(TCA 회로)에 의해서 생성되는 물질이기도 합니다. 몸에서 생성되는 물질인 만큼 큰 독성은 없으나, 비타민 C(아스코르브산, ascorbic acid)나 초산(아세트산, acetic acid)보다는 강한 산성을 가집니다. 시트르산보다 높은 산성을 가지는 인산(phosphoric acid) 역시 상큼한 맛을 내기 위해서 첨가됩니다. 인산은 ATP, DNA, RNA, 세포막, 뼈, 치아 등의 구성성분이고, 모든 생명체의 필수 요소입니다. 특히 인산은 칼슘 이온과 결합하여 인산칼슘(calcium

phosphate)을 형성하는데, 뼈와 치아의 주요 구성성분입니다. 콜라의 인산 성분은 콜라가 해롭다는 설의 원인이기도 합니다. 콜라의 인산이 인산칼슘을 형성하기 위해 치아의 칼슘 성분을 녹여 치아 부식이나 충치 발생의 원인이 될 수 있다고 합니다. 또한, 뼈를 구성하기 위해 사용되어야 할 칼슘 이온을 고갈시켜 골다공증을 일으킬 수 있다고도 하고, 인산칼슘이 침전되어 신장결석을 일으킬 수 있다고도 합니다. 하지만 콜라 한 잔이 이런 질환을 일으킨다고 보기에는 인(P)의 농도(~10mM)가 오렌지 주스를 비롯해 다른 음료에 비해 그렇게 높지 않습니다(오렌지 주스 3~5mM).

시트르산과 인산으로 인한 콜라의 높은 산성도는 콜라를 음료 외에 다양한 용도로 사용할 수 있게 해줍니다. 콜라를 녹이나 화장실의 묵은 때를 벗겨내는 데 활용하는 것이 다양한 미디어를 통해서 소개됐습니다. 콜라가 꽤 산성인 것은 맞지만, 상업적으로 생산되는 많은 음료의 pH도 3.0보다 낮습니다. 병원균 외 치아 침식의 주원인은 pH가 4보다 낮은 음료라고 합니다. 시중에 판매되는 음료의 90% 이상의 pH가 4보다 낮다는 연구 결과를 참고하여 생각해보면, 비단 콜라만이 음료에 의한 치과질환의 원인은 아닌 것 같습니다.

콜라를 대표적인 예로 탄산음료의 톡 쏘고 상큼한 맛을 내는 용질과 그 성질에 대해서 알아봤습니다. 함유된 양과 성질을 보면 건강에 큰 문제가 없을 것 같은데, 왜 많은 사람이 콜라를 비롯한 탄산음료가 나쁘다고 할까요? 그 답을 찾기 위해서 탄산음료에 포함된 다른 성분에 대해서 알아보도록 하죠.

4.2 중독에 조심해야 할 탄산음료

콜라를 비롯한 탄산음료의 가장 중요한 맛은 무엇보다 단맛일 것입니다. 탄산음료의 단맛은 주로 설탕이나 고과당 옥수수 시럽으로 냅니다. 콜라의 경우 250mL 음료에 28g의 당분이 들어있습니다. 이 당분이 탄산음료가 가지는 열량의 전부입니다. 여기서 재밌는 점은 세계 1위의 C 콜라의 경우 나라마다 사용하는 당 종류가 다르다는 것입니다. 미국에서는 옥수수에서 축출한 고과당 시럽(고과당 옥수수 시럽, high-fructose corn syrup)을 사용합니다. 한국의 경우에는 설탕과 고과당 옥수수 시럽을 섞어서 사용합니다. 콜라 팬들이 제일 맛있는 콜라라고 인정하는 멕시코 콜라의 경우 설탕만을 사용합니다(요즘은 수출용으로만 이렇게 제조한다고 합니다). 멕시코에서 생산하는 콜라에 단맛을 위해서 설탕만 첨가했던 이유는 미국에서 대량 생산해 수출하는 고과당 옥수수 시럽으로부터 자국의 사탕수수 농장을 보호하기 위해서였다고 합니다.

　설탕은 포도당과 과당이 결합한 이당류입니다. 설탕은 포도당보다 덜 달게 느껴진다고 합니다. 설탕은 우리 몸에서 포도당과 과당으로 분해되고, 포도당은 에너지원으로 몸에서 사용됩니다. 과당은 포도당처럼 즉각적으로 혈당을 올리지는 않지만, 고과당 옥수수 시럽에는 포도당도 섞여 있고, 과당 역시 결국은 간에서 포도당으로 전환되어 우리 몸에서 에너지원으로 사용됩니다. 어떤 종류의 당분이건 많이 섭취하면 몸에 좋지 않습니다. 그러면 당분 함유량이 콜라가 나쁜 음료의 대표가 되는데 한몫했을까요? 2015년 식품의약품안전처 자료에 의하면 1회 제공량의 평균 당 함유량은 탄산음료 24g, 과채주스 20.2g, 과채음료 16.6g, 혼합음료 15.1g, 유산균음료 11.2g으로 모든 음료에 적지 않은 양의 당분이 함유되어 있습니다. 세계보건기구인 WHO에서는 성인의 경우 당분에 의한 에너지 섭취량을 총 에너지원의 10%를 넘기지 말고, 하루 50g이 되지 않게 하라고 권장하고 있습니다. 이 정도라면, 하루에 탄산음료 한 캔(250mL) 정도는 건강에 큰 문제가 없을 것 같습니다.

§

다양한 매체에서 탄산음료의 문제를 중독성이라고 지적합니다. 그리고 탄산음료에 포함된 카페인을 중독의 주요 원인이라고 합니다. 약물중독이란 1) 약물의 사용이나 사용량을 제어하지 못하는 상태이거나, 2) 약물을 사용하지 못할 때 급격하게 부정적 감정을 가지게 되는 상태를 일컫습니다. 이런 상태가 되는 이유는 중독된 약물을 복용했을 때 뇌 속에서 도파민이라는 신경전달물질을 과량 분비하기 때문입니다. 도파민은 행복 호르몬이라고도 불리는 신경전달물질로 운동 기능, 뇌하수체 호르몬 조절 등의 중요한 기능을 합니다. 카페인도 도파민의 분비를 활성화할 수 있어 중독될 수 있습니다. 또한, 카페인은 아데노신이라는 핵산이 신경 세포막 내 수용체와 결합하는 것을 방해하는 작용을 합니다. 아데노신이 신경세포에 전달되면 신경 활성도가 떨어지고 졸리게 됩니다. 그러나 카페인이 아데노신 대신 수용체에 붙으면 신경이 다시 활성화되고 기운이 난 것처럼 느끼게 됩니다.

많은 종류의 탄산음료에는 카페인이 포함되어 있습니다. 250mL 용량의 콜라에는 25mg 내외의 카페인이 함유되어 있습니다. 성인의 경우 하루 400mg의 카페인 섭취까지는 안전하다고 합니다. 드립 커피 한 잔에 많게는 170mg의 카페인이 포함된 것과 비교하면 콜라의 카페인양은 적고, 하루 10캔을 마셔도 괜찮을 것입니다. 카페인이 포함된 음료를 마시면 배뇨 기능이 향상되어 소변을 더 많이 보게 되지

만, 정상적인 성인의 경우 탈수 증세가 날 정도는 아닙니다.

지금까지 콜라를 중심으로 한 탄산음료의 주요성분과 그 작용에 대해서 알아봤습니다. 성분과 함유량만 봤을 때 딱히 탄산음료가 건강에 해롭다고 할 이유는 없는 듯합니다. 카페인으로 중독이 일어나지도 않을 것 같고요. 하지만 여기서 우리가 한 번 더 확인할 점이 있습니다. 바로 중독의 정의입니다. 약물중독 증상 중 하나가 섭취량을 조절하지 못하는 것입니다. 'Your Brain and Food'라는 책의 저자이자 신경과학자인 개리 웬크(Gary Wenk) 박사는 탄산음료 중독은 '적절한 양의 당분과 카페인, 그리고 탄산으로 소비자가 섭취하면 기분이 좋게 설계됐기 때문'이라고 분석했습니다. 즉, 특정한 한 가지 물질에 의해서 중독되는 것이 아니라 첨가된 모든 물질이 소비자가 '가볍게 계속 기분 좋게 즐길 수 있게' 해줘 소비하는 양을 제어하지 못하는 것입니다.

성인의 경우에 꽤 많은 양을 소비해도 큰 문제가 없으나, 문제는 미성년자입니다. 만 18세 미만 미성년자의 경우 하루에 25g 이내의 당분 섭취를 권장하고 있습니다. 카페인의 경우 만 12세 미만의 어린이는 섭취를 금하고, 만 12세 이상의 미성년자는 하루 섭취량이 100mg을 넘지 말도록 권장하고 있습니다. 콜라 한 캔에는 미성년자의 일일 권장량이 넘는 당분이 함유되어 있고, 만 12세 미만의 어린이에게는 금지된 카페인이 함유되어 있습니다. 특히나, 성인보다 충동을 제어하기 어려운 아이들의 경우 적절한 청량감에 탄산음료에 더 쉽게 중독될 수 있습니다. 아이들이 탄산음료에 중독되는 것을 예방하기 위해서는 어른의 관심과 개입이 필요하다고 생각합니다.

'과유불급(過猶不及)'이라는 말이 있습니다. 무엇이든 한쪽으로 지나치면 부작용이 크다는 뜻으로 이는 생화학에서 매우 중요한 개념입니다. 의사이자 최초의 화학자라고도 불리는 파라켈수스(Paracelsus, 1493~1541)는 "모든 것은 독이며 독이 없는 것은 존재하지 않는다. 용량이 독을 정한다"라고 했습니다. 상쾌함과 시원함으로 오랜 시간 사랑받는 탄산음료, 사랑받아온 시간 동안 사랑을 독식하려고 시나브로 변해왔고, 결과적으로 독이 될 수도 있습니다.

4.3 복잡한 혼합물인 우유

우유를 기반으로 한 유제품 음료를 빼고 음료에 관해서 이야기하기는 어려울 것입니다. 사실, 음료뿐만 아니라 매우 다양한 음식이 우유를 포함합니다. 우유는 많은 사람이 건강식품이라고 생각하는 음료입니다. 소에게서 생산된 우유에는 기본적으로 3대 영양소가 각 3% 이상 함유되어 있습니다(단백질 약 3%, 탄수화물 약 5%, 지방 약 3%). 또한, 다양한 비타민(A, B1, B2, B12, D 등)과 미네랄(나트륨, 칼슘, 인 등)도 함유되어 있습니다. 물론, 가장 많은 양을 차지하는 성분은 물(약 88%)입니다.

우유 안의 단백질 중 가장 많은 양을 차지하는 것은 카세인이라는 단백질입니다. 카세인은 소 우유 단백질의 80% 이상을 차지합니다. 카세인은 산성 단백질로 우유가 산성(pH 6.7~6.9)인 원인 중 하나입니다. 카세인은 유지방과 함께 우유를 콜로이드(colloid) 혼합물로 만드는 주원인이기도 합니다. 앞서 설명했던 것과 같이 유기물은 온전히 친수성(hydrophilic)이나 소수성(hydrophobic)의 성질을 갖지 않습니다. 친수성과 소수성 성질이 한 분자 안에 공존하는 물질을 계면활성제(surfactant)라고 합니다. 계면활성제의 대표적인 예가 비누입니다. 비누의 소수성 부분은 물에 녹지 않는 기름때와 작용하고 친수성 부분은 물과 작용하여서 손에 묻은 기름때를 물로 씻게 해주는 것입니다. 이러한 계면활성제가 물속에 일정 농도 이상으로 존재하게 되면 마이셀(micelle)이라는 아주 작은(~200 나노미터) 크기의 구 형태의 집합체를 형성합니다. 소수성 부분은 물을 피해서 안쪽에 집결하고 친수성 부분은 바깥쪽에 위치해서 물과 작용을 합니다. 우유가 콜로이드를 형성하는 이유는 높은 농도의 카세인이 우유 속의 칼슘, 인산과 작용하여서 마이셀을 형성하기 때문입니다.

카세인은 종류(알파(αs1, αs2), 베타(β), 카파(κ))에 따라 조금씩 다르지만, 30~50% 정도가 소수성 아미노산으로 이루어져 있습니다. 이 중 베타 카세인은 A1과 A2 두 종류가 가장 많이 존재합니다. 우유에는 보통 A1과 A2 베타 카세인이 섞여 있습니다. 두 단백질의 염기서열이 다르므로 소화 과정에서 형성되는 펩타이드(두 개 이상의 아미노산이 결합한 짧은 화합물)가 다릅니다. A1 베타 카세인의 소화 과정 중 나올 수 있는 펩타이드 중 하나가 '베타-카스 모르핀 7(이하 BCM-7 표기)'이고, 이 펩타이드는 A2 베타 카세인의 소화 과정에서는 나올 수 없습니다. BCM-7 펩타이드는 소화관 내에서 작용하여 우유에 대한 알레르기 반응 등을 일으킬 수도 있다는 보고가 있었습니다. 이 외에도 다양한 만성질환과 연관이 있다는 주장이 있습니다.

이런 우려에 대응하여 나온 우유가 A2 우유입니다. A2 우유는 A1 베타 카세인 없이 A2 베타 카세인만 포함된 우유입니다. 하지만 A1 베타 카세인과 만성질환과의 연관성에 관한 종합적인 조사에서 1) 우유를 섭취한 사람의 체내에서 유의미한 양의 BCM-7이 검출된 적이 없고, 2) 의혹이 제기된 질환과의 연관성도 근거가 적다는 결론이 나

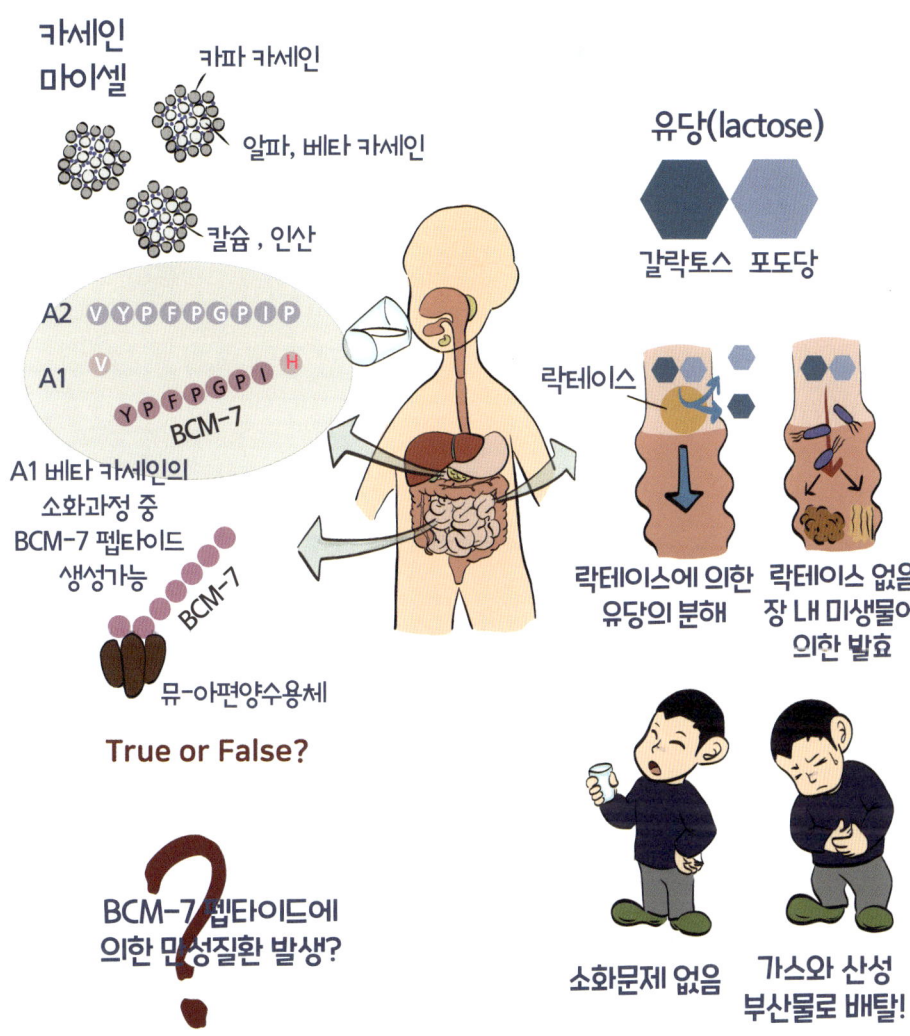

왔습니다. 또한, 3) 우유에 알레르기 반응을 가진 이들의 증상이 A2 우유를 마셔도 개선되지 않는 점 등을 바탕으로 이제는 A1 베타 카세인이 우유로 인한 만성질환의 원인이라고 여기지 않습니다. 하지만 아직도 몇몇 우유 제조 회사에서는 A2 우유가 건강에 더 좋은 프리미엄 우유라고 광고하며 판매하고 있습니다.

카세인 단백질은 우유에서 추출하여 식품 첨가제로도 많이 사용됩니다. 물에 용해도를 높이기 위해 주로 카세인 소듐(카세인 나트륨, sodium caseinate)으로 첨가됩니다. 카세인 소듐은 우유에서 추출한 단백질이고, 특별히 더 몸에 해롭거나 문제가 될 이유가 없습니다.

§

우유를 먹고 배탈이 나거나 알레르기 증상을 보이는 많은 경우가 유당(젖당, lactose) 때문입니다. 우유는 생산공정에서 살균(63°C에서 30분, 72~75°C에서 15초 등)되어 나오기 때문에 유통과정이나 보관상에 문제가 없었다면 병균 증식에 의한 배탈 가능성이 작습니다. 우유에 함유된 유당은 갈락토스와 포도당이 연결된 이당류입니다. 유당 때문에 우유에서 미묘한 단맛이 난다고 하는데, 저는 잘 모르겠습니다. 유당은 체내의 락테이스(lactase)라는 유당분해효소에 의해서 단당류로 분해되어 소장에서 흡수됩니다.

    유당은 모유를 비롯한 모든 포유류의 젖에 포함되어 있습니다. 모유를 주식으로 섭취하는 영·유아기 시절이 지나면 체내 락테이스 생산 능력이 사라지기도 합니다. 그래서 많은 성인이 우유를 소화하지 못합니다. 이러한 증상을 유당불내증이라고 하며, 분해되지 않은 유당이 대장에서 균에 의해 발효되며 배탈을 유발하는 것이 원인입니다. 하지만 우유를 원료로 치즈나 요구르트와 같은 발효식품을 만들면, 제조 과정에서 유당이 산화되어 유산(lactic acid)으로 변해 함유량이 거의 없어집니다. 유당 때문에 우유를 소화하지 못하는 성인들도 발효한 유제품은 무탈하게 즐길 수 있습니다. 즉, 화학반응을 뱃속에서 일으키면 배탈이 나고, 먼저 일으킨 후 섭취하면 괜찮다는 것이죠. 북유럽에서는 성인의 90% 이상이 체내에서 락테이스를 생산하여 우유의 직접적 소비에 큰 문제를 가지지 않습니다. 우리나라에서도 식생활의 변화와 우유의 지속적인 소비로 적지 않은 성인 인구가 문제없이 우유를 즐기지만, 아직 많은 수의 사람이 유당불내증을 겪고 있습니다. 유당불내증을 겪는 사람들을 위해서 유당을 분해한 우유를 판매하기도 합니다.

4.4 유제품 음료는 건강에 좋을까, 나쁠까?

유지방은 우유와 유제품의 풍미에 있어서 빠질 수 없는 성분입니다. 유지방은 매우 다양한 지질 성분으로 이루어져 있고, 그중 98% 이상이 중성지방입니다. 그 외에 인지질, 지방산, 스테롤 등이 포함되어 있습니다. 유지방의 가장 큰 특징은 포화지방이 많이 함유(~60%)되어 있다는 것입니다.

지방의 주성분은 탄화수소 체인입니다. 탄화수소 내 탄소와 탄소 간의 결합이 단일결합으로만 이루어진 지방을 포화지방이라고 합니다. 불포화지방은 탄소와 탄소 간의 결합이 이중이나 삼중결합으로 이루어진 경우를 말합니다. 우유 내의 불포화지방의 대부분은 이중결합을 가지고 시스(이중결합을 중심으로 다른 탄화수소들이 '앞으로 나란히' 한 것처럼 같은 방향으로 향해 있는 구조, cis) 구조를 가집니다. 포화지방이 많은 경우 물을 피해 뭉친 지방들이 더 촘촘하게 있을 수 있습니다. '앞으로 나란히' 구조의 불포화지방은 덜 촘촘하게 뭉치겠죠. 포화지방이 많이 함유된 동물성 지방(예: 유지방, 소고기 마블링 등)의 경우 뭉친 상태에서 자유롭게 움직이는데 제약이 있습니다.

반면에 불포화지방이 많은 경우(예: 식물성 지방, 생선 기름 등)에는 덜 촘촘하게 뭉쳐있어 움직임이 원활합니다. 이런 이유로, 생선 기름을 제외한 대다수의 동물성 지방은 상온에서 고체이고, 식물성 지방은 액체입니다. 포화지방이 많이 함유된 유지방의 이런 특성을 이용한 대표적인 제품이 버터입니다. 우유에서 유지방을 분리, 응집시켜 만든 버터는 상온에서 고체이지만 32~35℃에서 녹습니다.

포화지방이 많다 보니 유지방 성분은 오랫동안 건강에 좋지 않다는 인식이 많았습니다. 이러한 우려에 맞춰 저지방, 무지방 우유가 나왔습니다. 저지방 우유는 유지방 함유량이 1~2%이고 무지방 우유는 유지방이 0~0.5%인 우유를 지칭합니다. 우유의 지방을 줄이는 방법은 화학실험에서 복합물을 분리할 때 사용하는 원심분리법을 사용합니다. 원심분리법은 혼합물을 축을 중심으로 높은 속도로 회전시켜서 원심력으로 물질의 밀도에 따라 분리하는 기법입니다. 우유를 원심분리기에 넣어 돌리면 밀도가 낮은 지방이 제일 상층에 위치하게 되고, 이를 원하는 만큼 제거하여 저지방 또는 무지방 우유로 만듭니다. 제거한 유지방은 생크림 등 유지방 제품의 제조에 활용됩니다. 우유의 유지방 성분은 우유의 상층에 크림 층을 형성하게 합니다. 이는 균일하지 않은 지방과 단백질의 응집에 의한 것으로, 시판되는 우유는 높은 압력(~148기압)을 가해 지방 성분을 균질화(homogenization)하여 콜로이드가 되게 합니다. 이러면 유지방에 의해 상 분리가 일어나는 것을 막을 수 있습니다.

그러면 정말 유지방이 3.4% 함유된 우유를 마시는 것이 저지방이나 무지방 우유를 마시는 것보다 건강에 나쁜 영향을 줄까요? 이 부분은 아직도 다양한 의견으로 다툼의 여지가 있습니다. 일단 학계에서는 유지방에 의해서 비만이나 심혈관계 질환이 생기지는 않는다고 받아들이고 있습니다. 오히려 '저지방' 표시 때문에 소비자가 유제품을 과량 섭취할 수 있으며, 더불어 유제품 속 당분도 많이 섭취하게 된다는 의견도 있습니다. 우리가 매우 흔하게 접하는 초콜릿 맛, 바나나 맛, 딸기 맛, 커피 맛 우유 등이 그 예입니다. 이러한 가공유 300mL 기준으로 초콜릿 맛에 33.5g, 딸기 맛에 28.7g, 바나나 맛에 26.8g의 당분이 들어있습니다. 저지방 가공유라고 해서 건강에 더 좋을 것이 없다는 것입니다.

참고로 가공유에 신 과일 맛이 없는 이유는 신맛을 위해 구연산 등의 산성 물질을 첨가하면 우유의 단백질 성분이 응고되기 때문입니다. 발효유 음료가 젤 같은 이유도 유당이 발효로 유산이 되어서 단백질을 응고시키기 때문입니다. 이런 이유로 요구르트와 같은 발효유 제품에는 신 과일 맛 제품이 있는데 가공유에는 없는 것입니다. 모차렐

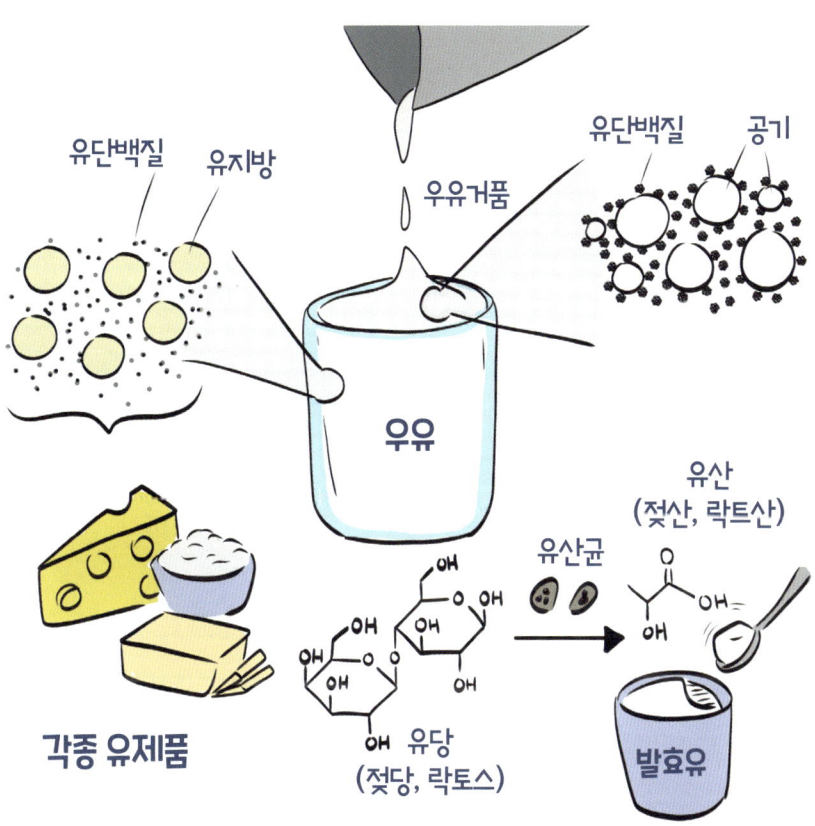

라 치즈의 제조에 사용되는 커드(curd)는 우유에 식초나 레몬주스를 넣어 단백질을 응고시켜 만듭니다.

§

　우유의 단백질과 지방으로 인한 콜로이드 성질은 우유를 다양한 음료에 활용하게 하였습니다. 분자 수준에서 보면, 물이라는 용매에 다양한 유기물질이 섞여서 벌이는 향연을 잘 활용한 것입니다. 가장 대표적인 것이 카푸치노나 카페라테 같은 커피 음료입니다. 카푸치노나 카페라테 위에는 미세한 거품으로 된 우유가 덮혀있습니다. 균질화 과정을 통해 콜로이드를 형성한 우유를 젓거나 그 안에 스팀을 주입하면, 우유 속 작은 공기 방울 표면에 콜로이드 물질이 자리를 잡아 거품을 안정시킵니다. 단백질은 앞서 설명한 바와 같이 친수성과 소수성 성질을 가지고 있는 양친성 분자(그래도 조금 더 소수성)입니다. 소수성이란 물을 싫어하는 성질로, 물이 없는 방울 속 공기도 소수성 분자들이 좋아하는 장소가 됩니다. 그래서 우유의 단백질(주로 카세인)이 공기 방울과 물 사이에 위치해서 작은 방울을 안정시켜 미세한 거품을 만드는 것입니다. 이러한 특성은 우유를 이용한 휘핑크림이나, 생크림, 아이스크림 제조에 이용됩니다. 크림의 부드러움은 유지방과 단백질 콜로이드에 의한 거품 때문에 낮아진 밀도의 느낌이라고 할 수 있습니다.

§

우유를 발효시킨 발효유에 대해서는 우유의 특성을 설명하는 과정에서 이미 몇 번 언급했습니다. 발효유는 우유를 유산균으로 발효시켜 만듭니다. 발효는 미생물이 산소 없이 당분을 분해하여 에너지를 얻는 대사 과정으로, 사실 부패하는 것과 같은 작용입니다. 다만, 사람에게 해가 없으면 발효라고 하고, 악취와 독성이 강한 상태가 되면 부패라고 합니다. 발효와 부패를 구분하는 중요한 요소는 미생물의 종류입니다. 발효유는 유산균을 사용해서 만듭니다. 발효 과정에서 우유 내의 당분이 유산으로 산화되어 신맛을 내고, 유산에 의해서 콜로이드 성분이 응고되어 점도가 높아지게 됩니다.

발효유가 대중화되기 전, 노란색의 '야쿠르트'라는 발효음료가 매일 배달되던 시절이 있었습니다. 지금도 야쿠르트는 종종 편의점이나 마트에서 찾아볼 수 있습니다. 요거트 혹은 요구르트라고 불리는 발효유와 야쿠르트의 차이는 오리지널과 모조품 정도로 생각할 수 있습니다. 야쿠르트는 우유를 직접 발효시키는 것이 아니라, 탈지분유(우유의 지방을 제거하고 건조시킨 가루)를 설탕과 고과당 시럽 등이 함유된 물에 넣어 발효를 시킵니다. 우유 내 유당을 중심으로 한 당분 대신 설탕과 과당을 인위적으로 넣어 발효를 시켜, 단맛과 신맛이 공존하고 우유 단백질의 응고 현상이 없습니다. 발효유 제품에 익숙하지 않았던 동양인에게 인기 있는 발효음료로 1930년대에 일본에서 처음 제조되어 소개됐습니다. 새콤달콤한 발효음료의 맛은 아시아를 넘어서 세계 곳곳에서도 통하고 있습니다. 다양한 과일 향을 첨가한 음료로도 개발되어 판매되고 있습니다. 야쿠르트에도 충분히 많은 유산균이 있습니다. 반대로, 요구르트와 같은 발효유에도 매우 높은 당분이 있습니다. 제품 용량이 300mL인 제품의 경우 20~38g의 당이 포함되어 있다고 합니다. 당분 함유량으로만 본다면 탄산음료나 과일주스와 크게 다르지 않습니다.

4.5 오후의 여유, 커피와 차

커피와 차는 기본적으로 매우 유사한 개념의 음료입니다. 뜨거운 물을 이용하여 커피 열매와 찻잎에 함유된 유, 무기물을 추출하여 만든 수용액 음료입니다. 차와 커피에는 다양한 방향성 화합물(aromatic compounds)이 함유되어 있습니다. 방향성 화합물은 향기를 가지는 화합물로, 일반적으로 휘발성을 가져 후각 기관이 쉽게 냄새로 감지할 수 있는 화합물입니다. 커피와 차 모두 카페인(caffeine)이

주 활성 성분입니다. 커피와 차가 대표적인 기호 음료로 오랜 시간 많은 사람에게 사랑받은 이유는 특유의 향과 카페인 때문일 것입니다.

커피 열매의 씨앗(생두)을 가공한 원두에는 수백 가지의 화합물이 함유되어 있으며, 이 중 약 수십 가지의 화합물이 커피의 향을 결정합니다. 커피의 향을 결정하는 분자는 로스팅 과정에서 형성됩니다. 원래 커피 원두는 황록색입니다. 이 황록색 원두를 구워서 갈색의 원두로 만드는 과정을 로스팅이라고 합니다.

로스팅 과정에서 일어나는 첫 번째 화학반응을 '마이야르 반응(Maillard reaction)'이라고 합니다. 마이야르 반응은 음식물에 함유된 탄수화물과 아미노산이 열에 의해(150~200℃) 작용하는 화학반응입니다. 이때 멜라노이딘(Melanoidin)이라는 색소를 형성해 갈색을 띠게 됩니다. 마이야르 반응으로 갈색을 띠게 되는 현상은 빵이나 과자, 팝콘 등 탄수화물이 풍부한 음식물을 가열할 때 많이 관찰됩니다. 마이야르 반응으로 멜라노이딘 외에 수백 가지 다양한 생성물이 형성될 수 있습니다. 이때 형성되는 분자 중 퍼퓨릴 머캅탄(2-furfurythiol)은 특유의 커피콩 냄새의 주된 원인입니다. 트리고넬린(trigonelline)이라는 물질도 형성되는데, 커피 특유의 쓴맛의 주된 원인입니다. 마이야르 반응과 함께 캐러멜화 반응도 일어납니다.

170~200℃의 온도에서 탄수화물 성분이 열에 의해 분해되고 고분자를 형성하는 반응입니다. 열분해 과정을 통해 다양한 분자가 형성되는데, 그중 다이아세틸(diacetyl)은 캐러멜 특유의 향을 갖게 하는 분자입니다. 캐러멜화 반응에서도 갈변현상이 일어나지만, 아미노산과 탄수화물이 반응하는 마이야르 반응과는 다른 화학반응입니다.

로스팅하는 온도가 약 200℃를 넘어가면 커피 원두 속의 물이 증발하며 원두가 갈라지고 바삭하게 됩니다(1차 크랙, 1st crack). 이 과정에서 원두의 크기가 두 배 가까이 커지게 됩니다. 온도가 약 220℃가 넘어가면서 커피 내 다양한 유기물이 산화되어 이산화탄소로 배출됩니다. 온도가 약 225℃에 도달하게 되면 커피 원두 내 섬유질(셀룰로스) 성분이 분해되고 커피 원두 안의 카페올이라고 불리는 방향성 물질이 스며 나오게 됩니다(2차 크랙, 2nd crack). 이 방향성 유기물질이 커피 원두를 기름지게 하고, 에스프레소를 추출했을 때 상층의 거품층인 크레마를 형성하게 합니다. 커피의 로스팅 기법은 원두의 종류, 가열 시간, 온도 등을 제어하여 방향성 물질들의 종류와 양을 다르게 생성할 수 있게 발전하였습니다. 그리고 이렇게 로스팅을 조절하여 다양한 향의 커피 원두를 생산하는 것은 오랜 역사를 통해 독립된 문화와 산업 분야로 성장했습니다.

커피의 성분 중 클로로겐산(chlorogenic acid)은 항산화 작용을 할 수 있는 폴리페놀 화합물로 식후 혈당이 빠르게 오르는 것을 방지해 줄 수 있습니다. 커피 한 잔(200ml)에는 클로로겐산이 70~350mg 함유되어 있습니다. 다양한 연구에서 커피의 클로로겐산 성분이 제2형 당뇨병, 파킨슨병 및 간 질환 등의 예방에 도움이 된다고 보고하고 있습니다. 다만 로스팅을 오래 할수록 커피 원두 내 클로로겐산의 성분이 열 분해되어 손실됩니다. 그래서 다크 로스팅 커피에는 클로로겐산 함유량이 낮습니다.

§

세상에는 다양한 차가 있습니다. 커피보다 오래되었고 더 큰 문화를 형성하고 있다고 해도 과언이 아닙니다. 일반적으로 '차(tea)'라고 하는 것은 차나무 잎을 우려서 만든 음료를 지칭합니다. 녹차, 홍차, 우롱차, 백차, 보이차 모두 같은 차나무 잎에서 나온 것입니다. 녹차와 홍차는 뜨거운 물로 우려낸 차의 색깔을 따라 이름이 지어졌습니다. 같은 차나무 잎인데도 색깔과 향이 다른 차가 만들어지는 이유는 제조 방식의 차이 때문입니다. 물론 차나무 재배지, 찻잎의 크기나 수확

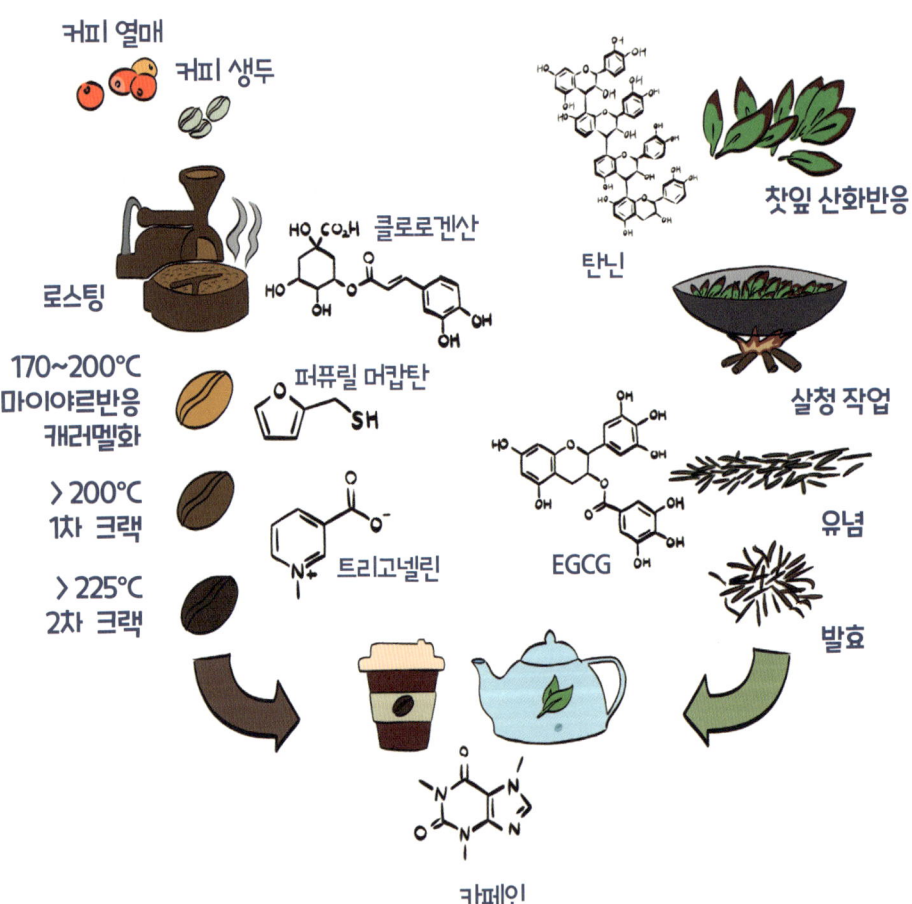

시기 등도 영향을 줍니다.

　기본적으로 차는 찻잎을 말리고, 산화시키고, 굽거나 쪄서 산화를 멈추게 하고, 발효하는 과정으로 제조합니다. 녹차와 홍차의 가장 큰 차이점은 찻잎의 탄닌(tannin) 성분이 산화된 정도의 차이입니다. 녹차는 ~10%, 홍차는 ~85% 정도 산화되었습니다. 탄닌은 떫은맛을 내는 폴리페놀인데, 식물에서 합성됩니다. 폴리페놀계 분자들은 항산화 작용을 합니다. 항산화 작용이란 산화가 잘되는 분자가 주변 물질 대신 활성산소 등과 반응하여 산화되는 작용을 말합니다. 그래서 항산화 작용물질이 다 산화되어 소진되기 전까지 주변 물질의 산화를 막아줍니다. 찻잎에 함유된 대표적인 항산화 작용물질이 에피갈로카테킨 갈레이트(EGCG)입니다. 차를 산화시키는 과정을 '발효시킨다'라고도 하는데, 이는 잘못된 표현이지만 통상적으로 쓰이고 있습니다. 탄닌이 산화가 되면 떫은맛이 덜하게 되고 색상이 누렇거나 붉게 됩니다.

　찻잎을 비비고 마는 '유념'이라는 과정은 찻잎에 상처를 내기 위함입니다. 찻잎을 비벼서 세포벽을 물리적으로 무너트려 찻잎의 성분을 스며 나오게 합니다. 차를 수증기로 찌거나 열로 볶는 과정(살청 과정)은 커피의 로스팅과 목적이 비슷하지만 조금 다릅니다. 차를 산화시키는 효소인 폴리페놀 옥시데이스(polyphenol oxidase)를 열변성

시켜 찻잎의 산화를 막는 것이 주목적입니다. 그 외에도 찻잎의 수분을 증발시켜 차를 오랫동안 보관할 수 있게 합니다. 수분을 증발시키고 찻잎 속의 방향성 분자가 스며 나오게 하는 것은 커피의 로스팅과 비슷하다고 하겠습니다. 보이차의 경우 살청 후에 미생물에 의한 발효(후발효) 과정을 갖습니다. 높은 습도의 장소에서 보관하여 흑국균이라는 곰팡이에 의해서 발효가 되게 합니다.

찻잎에는 수천 개의 화합물이 함유되어 있습니다. 그리고 찻잎의 공정을 통해서 이들이 분해되고 결합하며 무수히 많은 화합물을 형성합니다. 같은 차라고 해도 지역이나 공정방식에 따라 다양한 맛과 향을 즐길 수 있는 이유입니다.

§

커피와 차 모두에 공통으로 함유된 활성 물질은 카페인입니다. 일반적으로 커피가 차보다 조금 더 많은 양의 카페인을 함유하고 있습니다. 237mL 녹차 한잔에는 28mg, 홍차 한잔에는 47mg의 카페인이 함유되어 있는데, 필터 커피(브루드 커피) 한 잔(96mg 카페인)의 절반이 되지 않는 정도입니다. 에스프레소 커피는 고온, 고압을 적용하여 적은 양의 물로 원두 안의 성분을 높은 효율로 추출합니다. 에스프레소 30mL 한 잔에는 64mg의 높은 용량의 카페인이 들어있습니다. 앞서 설명했던 콜라 한 캔(250mL)에 포함된 카페인양(25mg)에 비하면 차나 커피에 꽤 높은 양의 카페인이 들어있음을 알 수 있습니다. 적절한 양을 즐기는 것은 괜찮지만, 커피와 차, 두 기호 음료 모두 중독될 수 있음을 유념해야 합니다.

4.6 과일주스에도 당분은 많습니다

과일주스는 일반적으로 건강에 좋다고 여겨집니다. 특히, 앞서 다룬 탄산음료와 비교해서 더욱 그렇게 생각합니다. 많은 연구와 미디어, 정부 기관에서 탄산음료에 함유된 당분의 양이 과도하다고 발표하며, 특히 청소년의 당분을 함유한 음료 소비를 지양하는 정책을 앞다투어 내고 있습니다. 그러나 '4.2 중독에 조심해야 할 탄산음료'에서 다루었듯이 주스에도 많은 양의 당분이 함유되어 있습니다. 대체로 과일주스는 탄산음료보다 조금 적은 양의 당분이 함유되어 있지만, 종류에 따라서는 더 많은 양의 당분이 함유되어 있기도 합니다. 탄산음료나 과일주스 모두 240ml 용량당 20~26g의 당분이 함유되어 있고, 약 110kcal의 열량을 가지고 있습니다. 개인적으로 탄산음료의 당분 함유량이 기존에 음료 시장을 점유하던 과일주스의 양에 맞춰서 정해진 것은 아닐까 생각합니다. 이러한 당분 함유량 때문에 기존의 과일주스가 건강에 좋다는 속설에 비판적인 주장이 나오고 있습니다.

그러면 과일주스는 정말 건강에 좋은 음료가 아닐까요? 애초에 왜 탄산음료보다 건강한 음료라고 생각되었을까요? 이 문제에 대해 알아보기 위해서는 먼저 과일주스의 제조과정과 함유성분을 확인해 봐야 합니다.

과일의 즙을 짜서 마시는 음료는 포도주의 역사와 함께한다고 볼 수 있습니다. 포도의 즙이 발효 과정을 통해 포도주가 되기 전에 사람들이 마셨을 것은 쉽게 상상할 수 있습니다. 1869년에 치과 의사였던 웰치(Welch)가 포도 주스를 밀봉된 병에 넣어 끓는 물에 중탕하여 살균, 판매한 것이 최초의 상업적 과일주스라고 여겨집니다. 최초의 현대식 주스 제조기는 미국의 사업가였던 워커(Walker)가 개발한 놀워크(Norwalk) 기계입니다. 과일을 분쇄한 뒤 즙을 내는 방식으로 작동하는데, 워커는 이렇게 하면 과일의 영양분을 주스에 담을 수 있을 것으로 생각했습니다. 여기서 중요한 것은 웰치나 워커 모두 과일 내 섬유질과 씨앗 등 즙을 짜낸 후 남는 찌꺼기를 천을 이용해서 걸러냈다는 것입니다. 현재 과일주스를 제조하는 법도 비슷합니다. 과일을 씻

고, 껍질을 벗긴 후, 자르고 으깬 뒤에 즙을 짜냅니다. 짜낸 주스에서 섬유질 등의 찌꺼기는 필터로 거르고, 살균 처리 후 포장합니다. 과일을 먹는 것과 주스를 마시는 것의 가장 큰 차이가 여기에 있습니다. 과일을 먹으면 섬유질로 인한 포만감으로 과다한 음식 섭취가 일어나지 않습니다. 일례로 점심 식사 전 사과를 먹으면 음식(과일+식사)으로 인한 열량 섭취가 줄어들지만, 사과 주스를 마시면 크게 줄어들지 않는다는 연구가 있습니다.

그 외에는 과일과 과일 주스 모두 풍부한 비타민과 무기질, 그리고 다양한 폴리페놀 성분을 함유하고 있습니다. 비타민 C와 섬유질을 제외하면 100% 과일 주스 1/2 컵(120ml)에는 같은 양의 과일만큼 철분, 포타슘(칼륨), 마그네슘과 같은 미네랄과 비타민이 있습니다. 이런 점이 확실히 탄산음료와 주스의 차이입니다. 탄산음료에는 인위적으로 첨가하지 않으면 이런 영양소는 없습니다. 하지만 영양소로 인한 장점은 하루에 주스 한 잔으로 효력을 다합니다. 탄산음료와 마찬가지로 주스의 문제도 필요 이상으로 많이 섭취했을 때 일어납니다. 탄산음료에서 이미 이야기했듯이, WHO는 성인의 하루 당분 섭취량을 50g 미만으로 유지하도록 권고하고 있습니다. 또한, 만 18세 미만 미성년자의 경우 하루에 25g 이내의 당분 섭취를 권장하고 있습니다. 하루 한두 잔의 주스 섭취는 어린이도 해로울 것 없이, 건강을 유지하는데 여러모로 도움이 될 수 있습니다.

　　마트에서 사 먹는 주스의 경우, 마시기 전에 직접 과일에서 즙을 낸 주스와 맛이 다르다는 것을 느낄 수 있습니다. 과일 고유의 향을 가지는 방향성 화합물 성분이 주스 공정 과정에서 공기 중의 산소와 반응하고(산화), 살균과정 중에 변형되기 때문입니다. 또한, 유통과정 중에 일어날 수 있는 산화 반응을 막기 위해 주스 내 용해된 기체를 제거하는 공정도 주스의 맛을 변하게 합니다. 이런 이유로 시중에 유통되는 많은 과일주스는 과일의 즙 외에 다양한 식품 첨가제를 함유하고 있습니다. 비타민 C나 토코페롤 등이 추가되기도 합니다. 상큼한 맛을 강화하기 위해서 시트르산을 첨가하기도 합니다. 회사에 따라서 천연향료라는 이름으로 고유의 과일 향을 강화하는 첨가물을 넣습니다. 오렌지 주스가 제조 회사나 주스 상표에 따라 맛과 향이 다른 것은 이 식품 첨가제의 성분이 다르기 때문입니다. 단맛을 강화하기 위해서 과당이나 설탕, 고과당 옥수수 시럽 등이 추가로 첨가되기도 합니다. 국내에서 유통되는 많은 과일주스의 경우 제조 단계에서 5배로 농축시킨 후, 최종적으로 정제수로 희석한 농축 희석 주스입니다. 예전에는 농축액을 물로 희석한 주스의 농도가 원재료 농도(100% 과일주스) 이상이면 식품첨가물을 포함해도 표기할 필요가 없었으나, 2020년 1월부터는 모든 식품첨가물을 표시해야 합니다.

음료의 당분 함유량이 계속해서 문제로 지적되고 있습니다. 탄수화물은 3대 영양소 중 하나로, 우리가 생존하려면 꼭 필요한 영양소인데, 굳이 왜 당분이라고 하는 탄수화물에 대해서 이렇게 주의를 요구할까요? 이당류로 이루어진 설탕은 체내에서 빠르게 포도당과 과당으로 분해되어 바로 대사작용에 사용될 수 있습니다. 이 중 포도당은 에너지원으로 즉각적으로 사용되고, 과당은 포도당으로 전환되어 사용되거나, 지방으로 저장됩니다. 음식이 부족하던 원시시대에 설탕은 섭취 즉시 힘을 낼 수 있어 생존에 도움이 되는 귀한 음식 성분이었습니다. 설탕은 '단맛'을 통해 기분을 좋게 하는 성분으로 뇌에 각인되었고, 우리 몸은 설탕을 섭취하면 뇌에서 도파민을 과량 분비하여 섭취에 대한 즉각적인 보상이 이뤄지도록 진화되었습니다. 문제는 우리의 몸이 과도한 양의 당분을 처리할 수 있게 되어있지 않아서 설탕을 비롯한 당분을 많이 섭취하면 아프게 된다는 것입니다. 당분을 과다 섭취하면 비만을 비롯해 제2형 당뇨병, 간부전, 신장 질환, 고혈압 등 다양한 만성질환의 발병 위험이 커집니다. 만성질환의 무서움은 환자 본인이 자각하지 못한 상태에서 발병하며, 발병 후에는 치료가 어렵다는 점입니다.

§

탄산음료부터 발효유를 포함한 각종 유제품, 커피, 차, 그리고 과일 주스 모두 우리의 일상을 향기롭고 풍요롭게 해주는 음료임이 분명합니다. 건강에 좋은 성분들을 포함하는 음료도 있습니다. 다만, 이들 모두 당분이나 카페인 같은 활성 성분이 주요성분으로 함유되어 있으며, 이 물질들은 우리 몸에서 작용한다는 것입니다. 적절한 섭취는 건강에 도움을 주거나, 기운이 나는 느낌을 주거나, 상쾌한 기분을 주지만, 과도한 섭취는 다양한 부작용을 일으킬 수 있습니다. 그런데도 딱히 이들 음료에 대해서 사회적 제도에 의한 제어가 없는 것은, 개개인이 충분히 조절할 수 있다는 암묵적인 합의가 있기 때문일 것입니다. 다음 장에서는 사회적 제도에 의해서 섭취가 제어될 정도로 많은 부작용을 가지지만, 인류의 문명과 함께 일반 음료만큼이나 다양하게 발전한 '술'에 대해 분자 수준에서 이야기해보겠습니다.

5장

술잔 속 과학

5.1 술의 독성학

앞 장의 음료에서 가장 자주 이야기한 성분은 당분입니다. 100% 과일주스도 당분 함유량 때문에 과량 섭취하면 건강에 해롭습니다. 몸에 해로운 물질을 '독성 물질'이라고 합니다. 그러면 설탕이나 과당이 독성 물질일까요? 일각에서는 당분을 중독성 물질로 분류해야 한다고 합니다. 중독(中毒)의 사전적 정의는 '독성이 있는 물질을 먹거나 들이마시거나 접촉하여 목숨이 위험하게 되거나 병적 증상을 나타내는 것'입니다. 우리가 매일 먹는 설탕이 독성 물질이라니요?

일반적으로 독성 물질이라고 하면 급성 독성작용(acute toxicity)을 가지는 물질을 이야기합니다. 즉, 짧은 시간 안에 섭취했을 때 위험한 물질입니다. 앞서 이야기했듯이, 최초의 화학자라 불리는 파라켈수스(Paracelsus, 1493~1541)는 '용량이 독을 정한다'라고 했습니다. 이는 매우 중요한 정의입니다. 영양소는 우리가 섭취한 뒤 생존을 위해서 몸속에서 사용되는 물질입니다. 하지만 우리 몸이 받아들이지 못할 정도로 과량으로 들어오게 되면 영양소도 우리를 아프게 하거나 위험하게 할 수 있습니다. 예를 들면, 설탕의 경우 70kg 성인의 반수치사량은 2,100g입니다(약 30g/kg). 반수치사량이란 짧은 시간 안에 섭취했을 경우 섭취자의 절반이 죽을 수 있는 양입니다. 여기서 짧은 시간이라는 것은 화학 물질마다 다르지만 보통 하루(24시간) 이내로 생각하면 됩니다. 반수치사량은 보통 동물실험으로 결정하니, 사람에게 적용했을 때 조금씩 차이가 있을 수 있습니다. 어쨌든 상식적으로 2kg 정도의 설탕을 한 번에 먹을 사람은 없지요. 물의 반수치사량은 90g/kg으로, 70kg 성인이 한 번에 6.3L를 마시면 위험합니다. 하루 2L의 물을 마시기도 버거운데 6.3L를 마시기는 어렵겠지요. 이런 이유로 물, 설탕, MSG(LD_{50} ~ 16,000mg/kg), 에탄올(LD_{50} ~ 7,000mg/kg) 등은 사실상 독성이 없다고 여겨집니다.

그러나 우리 주변에서는 가끔 놀라운 일들이 벌어집니다. 예를 들면 하룻밤 동안 반수치사량 이상의 술(에탄올, ethanol)을 섭취하는 것이지요. 요즘은 거의 없지만, 한동안 심심찮게 대학 신입생이 급성 알코올 중독 때문에 사망에 이르게 된 기사를 접한 적이 있습니다. 주변 지인이 술병이 나서 응급실에 실려 간 경험도 한두 번은 겪어보셨을 것입니다. 70kg의 성인이 40도 위스키를 2/3병(~540mL), 20도 소주의 경우 7병 이상을 마시면 반수치사량 이상을 섭취한 것입니다. 각종 매체에서 유명인이 주당이라면서 자랑하던 하룻밤 소주 7병 마신 이야기는 절반의 확률로 목숨을 걸었던 매우 위험한 이야기입니다. 설탕을 2kg을 먹거나 물을 6L 이상 마시는 경우는 없습니다. 그런데 왜 유독 독성이 없다고 여기는 에탄올을 활성 성분으로 하는 술은 이렇게 마실까요?

독성은 급성 독성 외에 아만성 독성(수개월), 만성 독성(수년), 발암성, 발생 독성(태아에게 미치는 독성) 등으로 구분됩니다. 당분은 급성 독성은 거의 없지만, 아만성 및 만성 독성을 가지는 물질로 여길 수 있을 것입니다. 술은 급성 독성(원래는 급성 독성은 적지만 너무 많이 마셔서 생기는…)을 포함한 모든 독성을 다 가질 수 있는 물질입니다. 특히, 정기적인 음주 습관은 '특정 장기시스템의 축적된 손상(누적 손상)을 나타내고, 임상적 질병으로 인식하기까지 수개월 또는 수년이 걸리는' 만성 독성으로의 위험이 매우 큽니다. 대사 중에 발생하는 아세트알데하이드(acetaldehyde)와 활성산소 때문에 발암성이기도 합니다. 임신 중 술을 마시면 태반 혈관이 수축하여 태아에게 전달되어야 할 영양분과 산소공급을 감소시키고, 에탄올이 태아에게 전달되어 뇌 손상과 조직, 장기, 기관 등의 성장에 영향을 줘, 태어날 아기의 신체적, 정신적, 행동적 결함의 원인이 될 수 있습니다.

에탄올은 섭취 시 중추신경계를 마비시킵니다. 소장에서 흡수된 에탄올은 혈관을 통해서 뇌에 도달하여 뇌 신경 세포막과 이온 채널,

효소, 수용체 단백질 등을 교란합니다. 에탄올은 친수성 작용기와 소수성 작용기를 같이 지니고 있어서 수용액 상에서 단백질을 뭉치게 합니다. 이러한 원리로 에탄올을 외용 소독제로 사용하기도 합니다. 또한, 신경세포의 수용체에 직접 붙기도 합니다. 신경세포 수용체에 붙은 에탄올은 신경을 둔화하게 하고, 음주한 사람의 사고나 근육제어를 느리게 합니다. 그래서 음주 후 작업이나 운전을 금지하는 것입니다.

아직 명확한 원인이 밝혀지지는 않았지만, 음주는 뇌 속의 도파민 양을 증가시켜 알코올에 중독되게 합니다. 에탄올이 도파민을 분해하는 효소(MAOA)의 작용을 방해하는 것이 원인 중 하나라고 생각합니다. 알코올 중독에 의해서 장기간 에탄올을 섭취하면 오랫동안 에탄올에 의해 신경전달물질의 수용에 방해를 받던 뇌 신경세포가 적은 양의 신경전달물질에 크게 반응하게 됩니다. 알코올 중독자가 작은 일에도 크게 흥분하여 폭력적 성향을 나타내는 이유입니다. 즉, 술은 단기적으로는 사람을 나긋하게 하지만 장기적으로는 폭력적으로 변하게 한다는 것입니다.

§

몸속의 에탄올이 중추신경계를 마비시키는 동안 간에서는 에탄올을 대사하여 배출하려고 합니다. 에탄올은 알코올탈수소효소(DAH)에 의해 아세트알데하이드로 산화됩니다. 그리고 아세트알데하이드는 알데하이드 탈수소효소(ALDH)에 의해 식초의 주성분인 아세트산으로 분해됩니다. 아세트산은 약산으로 몸에 크게 해롭지 않으며, 최종적으로 이산화탄소와 물로 분해되어 몸 밖으로 배출됩니다. 문제는 아세트알데하이드입니다. 아세트알데하이드는 에탄올과 비교해 10배 강한 독성(음용 시 LD_{50} ~ 661mg/kg)을 가지고 있으며, 1급 발암물질로 지정되어 있습니다.

문제는 한국인의 약 30~50%에서 알데하이드 탈수소효소가 결핍되어 있다는 것입니다. 술을 마시자마자 얼굴이 붉게 변하는 안면홍조증은 알데하이드 탈수소효소 결핍으로 섭취한 에탄올의 대사가 느리게 진행되고 있기 때문입니다. 효소가 결핍되지 않은 사람이라도 간이 밤새 처리할 수 있는 양 이상의 술을 마시면, 두통이나 구토 등을 포함한 숙취를 겪게 됩니다. 에탄올의 대사과정 중에는 활성산소가 발생하며, 이 또한 체내 염증을 유발합니다.

§

이번 장에서는 에탄올을 포함한 수용액인 '술'이라는 음료에 관해서 알아보려고 합니다. 그 전에 술이라는 음료가 가지는 폐해에 관하여 짚고 넘어가는 것이 좋다고 생각했습니다. 술이 가지는 독성을 논의했지만, 사람들이 자주, 그리고 많이 섭취하는 음료이기 때문에 그만큼 문제가 많은 것으로 생각합니다. 술은 인류의 역사, 문화와 함께 해 왔습니다. 중추신경 마비와 도파민 분비라는 화학작용은 많은 역사적 사건의 원인이 되기도 했습니다. 다양한 음식 문화에도 같이 곁들일 술이 빠지지 않습니다. 이렇듯 우리 생활에 매우 깊숙이 들어와 있는 술은 그 깊이만큼 다양한 종류로 우리에게 선택의 즐거움을 주기도 합니다. 이러한 다양성은 에탄올이 가지는 양친성(친수성+소수성)이 수용액 안에서 다양한 분자와 작용 할 수 있게 해주기 때문입니다. 그럼, 술잔 속에서 일어나는 과학에 대해서 알아보도록 하겠습니다.

5.2 발효주의 대표주자 맥주

한국에서 대학에 들어가고 처음 경험했던 술은 맥주였습니다. 그 뒤로는 주야장천 소주만 마시도록 강요당했지만요…. 특히, 아파트 단지 내 상가에 있던 치킨집에서 치맥을 맛보았을 때는 이렇게 맛있는 조화가 있다는 것에 경이로움을 느꼈을 정도였습니다. 군 복무를 마친 후, 미국에서 대학 생활을 할 때는 마트 내 캔 맥주의 저렴함에 놀랐고(다음에 맥주 펍에서는 비쌈에 다시 놀랍니다), 종류의 다양함에 또 놀랐습니다. 한참 돈이 모자라던 대학원 시절, 힘들게 연구한 성과가 저널에 게재된 것을 자축하기 위해 맥주를 사러 마트에 갔다가, 제한된 예산으로 어떤 새로운 맥주를 마실지 고민하면서 한 시간 넘게 맥주병을 들었다 놨다 하던 기억이 있습니다. 그 당시보다 맥주에 쓸 수 있는 예산이 열 배 이상 늘어난 지금도, 다양한 수입 맥주가 한 편 가득 채워진 대형마트에서 아내에게 아이들을 맡겨놓고 혼자 오늘 마실 맥주를 두고 고민합니다. 세상은 넓고 마셔볼 맥주는 많습니다.

맥주는 세상에서 물, 차 다음으로 가장 많이 소비되는 음료입니다. 고대 이집트(기원전 5000년)의 파피루스에 맥주 조리법이 적혀있는 기록이 발견될 정도로 오래됐습니다. 맥주는 발효주입니다. 발효주란 미생물(효모 같은 균사류)이 산소 없이 당분을 분해하여 에너지를 얻는 대사과정에서 생성된 에탄올이 함유된 음료입니다. 대표적인 발효주로는 맥주 외에도 포도주, 막걸리, 청주 등이 있습니다. 효모가 당분을 분해하여 에너지를 얻는 과정이기 때문에, 탄수화물이 함유된 곡물이나 과일을 주원료로 사용합니다. 포도주는 포도를, 막걸리는 쌀을, 맥주는 보리나 밀의 맥아를 발효시킵니다. 엿기름이라고 불리는 맥아는 밀, 보리 등을 물에 적셔 싹이 나게 한 후 말린 것입니다. 맥아는 곡물의 전분을 포도당이나 말토오스, 말토트리오스, 말토덱스트린과 같은 단당류에서 올리고당까지 짧은 당으로 변형시키는 α-아밀레이스나 β-아밀레이스 효소가 풍부합니다. 맥아의 당분이 효모에 의해서 잘 발효되게 하고 맥주의 풍미를 향상하기 위해 맥아를 로스팅하고 분쇄합니다. 분쇄한 맥아는 다른 곡물들과 함께 물에 넣고 섞어 죽과 같이 만드는 담금 과정(mashing)에 사용됩니다. 담금 과정은 엿기름(맥아)으로 밥을 삭혀 식혜를 만드는 것과 유사한 작업입니다. 일정 온도(60~70℃)로 가열하여 맥아의 당 분해 효소가 곡물의 탄수화물을 효율적으로 분해해 발효에 적합한 당분이 풍부한 맥아즙(wort)이라는 용액을 만들게 합니다(아밀레이스는 60~70℃에서 높은 활성도를 가집니다). 추가로 곡물을 첨가하지 않고 그냥 맥아 자체로 맥아즙을 만들기도 하지만, 쌀이나 옥수수를 첨가하는 경우도 있습니다. 곡물 찌꺼기를 거른 맥아즙은 끓임조(kettle)에서 홉이나 다른 향료와 함께 끓여줍니다. 맥아즙을 끓이면 효소가 열변성 되어 당 분해가 멈추게 됩니다. 또한, 용액 내 단백질을 침전시키고, 맥아즙을 농축시키고 살균하기도 합니다.

삼과 식물의 꽃인 홉은 맥주 특유의 맛과 향을 더하는 재료입니다. 맥주에 홉이 사용된 첫 사례는 9세기 문헌에서 발견됐습니다. 현재는 모든 맥주에 홉이 사용되고 있습니다. 홉의 알파산(alpha acid), 베타산(beta acid), 엣센셜 오일 성분 등이 맥주의 향에 관여합니다.

알파산 중에서 가장 주요한 분자는 후물론(humulone)입니다. 후물론은 맥아즙을 끓일 때 이성질체화(isomerization)라는 작용으로 구조가 바뀌게 되는데, 이 이성질체가 맥주 맛을 쏩쏠하게 합니다. 루프론(lupulone)이라는 베타산은 발효 과정 중에 산화되면서 알파산과 다른 쏩쏠한 맛을 냅니다. 홉에 함유된 에센셜 오일은 지금까지 약 250여 종이 분석됐습니다. 이 중 미르센(myrcene), 후물렌(humulene), 카리오필렌(caryophyllene)이 맥주 향에서 주된 역할을 합니다. 이들 분자는 휘발성이 높아서 주조과정 중에 증발하기 쉬우므로, 발효 과정이 끝난 후에 홉을 넣거나 다른 다양한 방법으로 맥주에 첨가됩니다.

홉과 함께 가열했던 맥아즙은 효모가 첨가될 수 있는 온도로 냉각됩니다. 냉각된 맥아즙은 발효 탱크에서 효모에 의해 발효됩니다. 효모는 물속에서 산소 없이 당분을 분해하여 에너지를 얻습니다. 그리고, 부산물로 에탄올과 이산화탄소가 나옵니다. 앞에서 몇 번 발효에 관해서 설명할 때 '산소 없이'라는 말이 반복적으로 나왔습니다. 우리는 호흡을 합니다. 호흡을 통해서 체내로 산소를 들이고, 그 산소를 포도당을 분해해 세포 내 최종 에너지원인 ATP라는 분자를 생성하는 반응에 활용합니다. 그리고 그 부산물이 이산화탄소와 물입니다. 그래서 산소가 부족하면 뇌에서 포도당을 분해할 수 없어 에너지를 얻

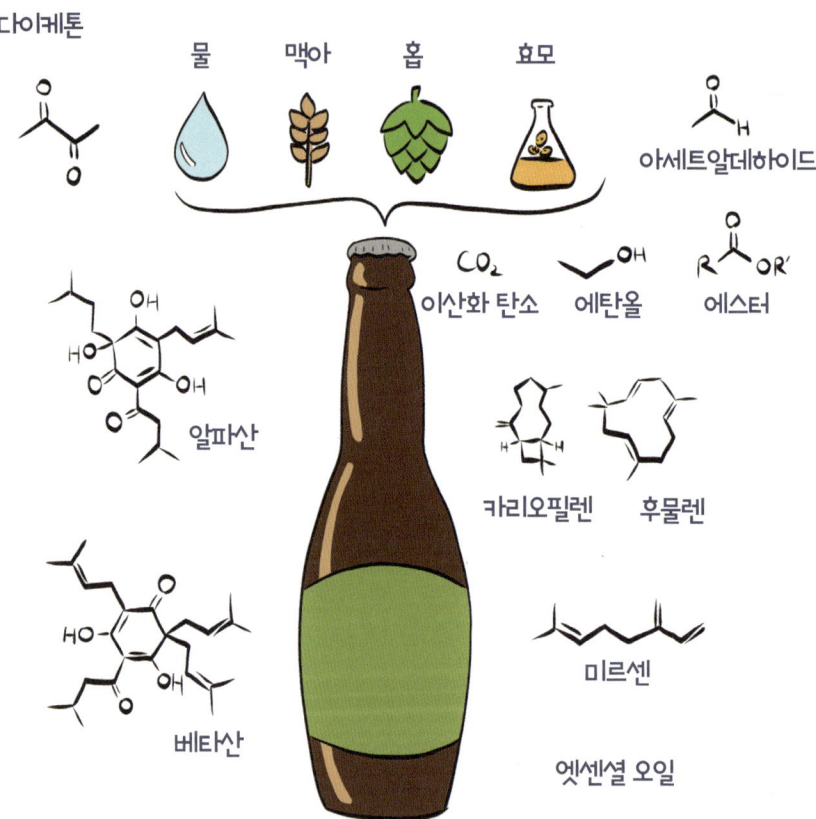

지 못하고 위험해지는 것입니다. 효모는 산소 없이 포도당을 분해합니다. 그리고 부산물로 에탄올과 이산화탄소를 내놓습니다. 이 두 분자가 물에 녹아서 맥주가 됩니다. 에탄올은 녹아서 술이 되게 하고, 이산화탄소는 탄산수가 되게 합니다.

§

맥주 효모는 전통적으로 에일 효모와 라거 효모로 분류됩니다. 에일을 만들 때 사용하는 에일 효모(*saccharomyces cerevisiae*)는 맥아즙의 상면(上面), 즉 윗부분에서 발효합니다. 에일 효모는 일반적으로 따뜻한 온도(통상 15~25℃)에서 발효하며, 보통 2~3주의 시간이 걸립니다. 라거 효모(*saccharomyces pastorianus* 혹은 *saccharomyces carlsbergensis*)는 라거를 만들 때 사용하는 하면(下面) 효모입니다. 이 하면 발효 효모는 1~6개월에 걸쳐서 천천히 발효하며, 5~10℃의 낮은 온도에서 사용됩니다. 에일 효모를 이용한 발효 과정에서 에탄올과 유기산, 지방산 등의 반응으로 상큼한 과일 향을 내는 에스터(ester)를 비롯한 미량의 아세트알데하이드, 다이케톤과 같은 화합물이 생성됩니다. 이러한 화합물이 에일 특유의 상큼한 맛을 가지게 합니다. 라거 효모는 상대적으로 낮은 온도에서 발효하다 보니 이런 화합물의 생성이 적습니다. 그래서 라거 맥주의 맛이 에일에 비교해 깔

끔한 것입니다.

발효가 완료된 맥주는 후발효라고 불리는 숙성과정을 거칩니다. 맥주의 숙성을 통해서 향미를 추가하거나, 제거합니다. 짧게는 일주일에서 길게는 몇 달 동안 숙성한 후에 여과하면 드디어 맥주가 완성됩니다. 숙성과정에서는 남은 발효성 추출물을 저온에서 남아있는 효모를 이용하여 2차 발효를 시키기도 합니다. 2차 발효 중에는 맥주 안에 남아있는 당분을 발효하기 위해서 효모를 추가하기도 합니다. 2차 발효로 이산화탄소가 추가로 발생하여 더 높은 탄산 감을 느낄 수 있게도 해줍니다. 인위적으로 이산화탄소를 주입하기도 합니다.

이렇게 완성된 맥주는 단순 여과 뒤 생맥주로 판매되거나, 여과 및 살균과정을 거친 뒤 병이나 캔에 주입되어 유통됩니다. 생맥주에는 적은 수라도 효모나 미생물이 존재하기 때문에 일정 시일이 지나면 변질될 수 있습니다. 이를 방지하기 위해서 저온살균을 이용하여 효모를 불활성화하기도 합니다.

5.3 골라 먹는 재미, 다양한 맥주의 세계

맥주 캔의 옆면에 붙어있는 라벨에는 맥주의 원재료로 정제수, 보리 맥아, 밀 맥아, 홉, 효모 정도가 기재되어 있습니다. 하지만 각각의 재료가 어느 지역에서 나왔고, 어떤 방식으로 처리했느냐에 따라서 맥주의 종류는 매우 다양해집니다. 클래식 라거부터 상큼한 에일, 그리고 쌉쌀한 IPA까지 같은 기업에서 양조한 맥주에도 다양한 종류가 있습니다.

국산 맥주의 대부분을 차지하기 때문에 우리에게 새롭지 않게 느껴지는 라거는 사실 맥주의 오랜 역사 속에서 상대적으로 새로운 종류의 맥주입니다. 라거는 세계에서 제일 오래된 맥주 양조장으로 알려진 독일 바이에른의 바이엔슈테판 수도원 양조장에서 15세기에 처음 양조 됐습니다. 앞서 설명했듯이 라거 효모의 발효는 에일 효모보다 낮은 온도에서 천천히 일어납니다. 우리가 잘 아는 대다수의 거대 맥주 브랜드는 라거 맥주 회사입니다. 그 이유는 19세기에 냉장고가 개발되면서 라거 맥주를 안정적으로 지속해서 발효할 수 있게 돼 대량생산 시스템으로 이어졌기 때문입니다. 에일 맥주는 주로 전통적인 맥주 제조 방식으로 소형 양조장에서 생산하는 수제 맥주(craft beer)로 생산, 판매됩니다. 그러다 보니 대량으로 생산되는 라거는 에일보다 더 많이, 그리고 더 싸게 유통될 수 있었습니다. 이러한 이유가 라거가 가장 흔한 종류의 맥주가 된 이유라고 생각합니다. 또한, 라거 맥주는 더 안정적이기 때문에 에일보다 더 오래 저장할 수 있어, 대량 유통에도 편리했습니다. 국내 시중에 유통되는 맥주가 대부분이 라거인 것도 이런 이유에서입니다.

라거 맥주는 에일 맥주와 달리 발효주 특유의 향이 적고 알코올 도수도 맛을 느낄 정도로 높지 않아 진입장벽이 낮은 맥주입니다. 국산 맥주 대부분과 미국의 클래식 라거가 대표적입니다. 개인적으로 제가 제일 좋아하는 미국 보스턴 지역의 수제 라거 맥주도 유명합니다. 필스너는 라거의 대중화에 크게 기여한 맥주로 체코 필센 지방에서 처음 양조 되었습니다. 홉의 향을 강조하여 특유의 쌉쌀한 맛이 높아, 일반 라거보다 높은 진입장벽이 있습니다. 유럽의 유명한 라거 맥주 중 다수를 차지합니다.

§

페일 에일(pale ale)은 에일 맥주 중에서 흔히 접할 수 있는 맥주입니다. 홉 특유의 쌉쌀한 맛과 에일 맥주의 상큼한 맛을 느낄 수 있어 초기 진입장벽이 있지만, 그리 높지는 않습니다. 페일 에일은 옅은 맥아(pale malt)를 사용하여 양조합니다. 보리 맥아를 상대적으로 낮은 온도에서 로스팅해 색이 옅습니다.

페일 에일에서 파생된 인디아 페일 에일(india pale ale, IPA)은 페일 에일보다 높은 알코올 도수를 가집니다. 1840년경에 영국에서 처음 생산되기 시작한 IPA는 제국주의의 상징인 동인도 회사로 영국에서 생산된 맥주를 긴 항해에서 상하지 않고 운송하기 위해 만들기 시작했습니다. 맥즙의 당 성분이 다 발효되지 않고 남게 되면 박테리아 감염으로 식초의 주성분인 아세트산으로 전환될 수 있습니다. 우리가 흔히 말하는 쉰 맥주, 즉, 상한 맥주가 되는 것이죠. 긴 항해기간 동안 맥주 표면에 해로운 곰팡이가 자랄 수도 있었습니다. 이러한 부패를 막기 위해서 맥주를 더 발효시켜 알코올 도수를 올리고(~7도) 맥즙의 당 성분을 줄이게 되었습니다. 또한, 더 많은 홉을 참가하여 향균 작용을 하는 알파산의 농도를 높였습니다. 이렇게 맥주가 상하는 것을 예방하기 위해 개발된 에일 맥주가 IPA입니다. 에일 특유의 상큼한 맛과 높은 홉 함량으로 인한 쌉쌀한 맛, 그리고 높은 에탄올 함량으로 에탄올 특유의 맛(단맛+신맛+쓴맛)을 가집니다. 생각 외로 이 세 성분

이 놀라운 조화를 이루어서 새로운 맥주의 맛을 내게 됐습니다. 그리고, 이 세 성분의 함량과 종류를 변화시켜 다양한 향과 맛을 가진 IPA가 제조되어 판매되고 있습니다. 영국 IPA는 쓴맛이 강하고, 미국 캘리포니아 IPA는 상큼한 향이 강합니다. 맥주 맛을 잘 모르던 대학생 때 큰마음 먹고 값비싼 IPA를 사 먹고 한약 맛 나는 맛없는 맥주라고 돈 아까워했던 경험이 있습니다. 맥주 입문자가 처음부터 즐기기에는 진입장벽이 높은 편입니다.

검은색을 띠는 흑맥주, 스타우트(stout)는 에일 맥주의 한 종류로 아일랜드산이 유명합니다. 스타우트보다 커피 향(?)이 약한 포터(porter)에서 파생된 달곰쌉쌀하고 풍부한 향과 특유의 검은색을 지닌 이 흑맥주의 특징은 높은 온도에서 로스팅한 보리로부터 기인합니다. 높은 온도(~230℃)에서 보리를 로스팅하여 탄수화물을 열분해하여 설탕으로 전환하고, 캐러멜화 반응으로 검은빛을 지니게 합니다. 탄수화물의 캐러멜화 반응으로 다이아세틸(diacetyl)이 생성되고, 보리 속의 섬유질 성분이 분해되어 씨눈에 함유된 방향성 물질이 스며 나와 스타우트 특유의 풍부한 향을 가지게 합니다. 맥아를 높은 온도에서 긴 시간 로스팅한 검정 맥아나 초콜릿 맥아도 함께 사용됩니다. 이들 짙은 맥아는 맥주를 발효할 때 소량 첨가됩니다. 드라이 아일랜드 스타우트를 양조할 때, 짙은 맥아를 옅은 맥아의 10% 비율로 섞고 일반 보리와 로스팅한 보리를 함께 넣습니다. 에스프레소나 아메리카노를 즐긴다면 진입장벽이 높지 않습니다. 라거 효모를 사용하여 발효한 흑맥주를 둥켈이라고 하며, 짙은 맥아로부터 검은 색상을 가지고 있습니다.

벨기에는 초콜릿만큼 독특한 맥주를 양조하여 벨기에 스타일 맥주라는 종류를 개척했습니다. 페일 에일, 다크 에일, 사올 에일 등 주로 에일 맥주지만 특유의 신 맛과 과일 향, 그리고 달콤한 맛으로 쌉쌀한 맛이 별로 없는 특징을 가집니다. 트라피스트 수도회에서는 전통적으로 맥주를 양조했는데, 도수가 높고 향이 복잡한 벨지안 두벨과 트리펠이라는 매우 비싼 수제 맥주를 양조하고 있습니다.

벨기에 맥주만큼 복잡한 향을 지닌 밀맥주, 바이젠은 독일의 맥주입니다. 보리 맥아와 밀 맥아를 함께 사용하여 발효합니다. 필터로 효모를 거르지 않은 바이젠 맥주를 헤페바이젠(hefeweizen)이라고 합니다. 헤페바이젠은 홉의 쓴맛이 낮고 탄산이 높으며 단맛과 과일 향이 풍부합니다. 상큼한 청량감을 좋아하면 진입장벽이 낮으나, 홉 특유의 쌉쌀한 맛의 맥주를 선호하면 잘 맞지 않을 것입니다.

5.4 맥주는 맛있지만, 건강음료는 아닙니다

우리가 마트나 펍에서 흔히 접할 수 있는 종류의 맥주에 대해서 간략히 알아봤지만, 이보다 더 많은 종류의 맥주가 우리에게 선택의 즐거움을 줍니다. 맥주는 발효주를 대표하며 가장 오랜 기간 우리와 함께했지만, 그만큼 많은 오해를 하기도 합니다. 맥주가 우리 건강에 미치는 영향에 대해서 분자 수준에서 한 번 알아보죠.

맥주는 중세 시대 유럽인들의 중요한 영양 섭취 방법이었다는 설이 있습니다. 곡물의 탄수화물과 에탄올은 높은 열량을 제공했습니다. 에탄올은 1g당 7kcal의 에너지를 가집니다. 단백질과 탄수화물이 1g당 4kcal, 지방 1g이 9kcal의 에너지를 가지는 것과 비교하면 매우 높은 열량을 지니는 물질입니다. 500mL 맥주 한 캔은 약 240kcal로 초코바 한 개나 밥 한 공기에 필적하는 열량을 가집니다. 이러한 이유로 많은 맥주 애호가가 맥주 배(beer belly)라고 하는 내장 지방을 가지게 된다고 합니다. 사실 이 말은 어느 정도는 맞지만, 틀린 말이기도 합니다.

알코올, 즉 에탄올은 3대 영양소인 탄수화물, 지방, 단백질과 달리 과도하게 섭취해도 간에서 지방으로 전환되어 몸에 축적되지 않습니다. 그래서 알코올을 empty calories(엠프티 칼로리, 헛열량)라고 부릅니다. 그러면 알코올 도수 5%의 라거 맥주 한 캔을 마시면 내 몸에 저장될 수 있는 열량은 240kcal 중 65kcal 정도가 됩니다. 대부분이 탄수화물입니다. 하지만 우리가 맥주만 마시는 것은 아니죠. 맥주와 곁들인 안주가 같이 있습니다. 우리가 먹은 음식은 대부분 우리의 생명 활동을 위한 기초대사의 에너지원으로 사용됩니다. 성인 남성의 경우 하루 1,300~2,000kcal의 기초대사량을 가집니다. 일상적인 활동으로는 하루 500kcal 정도의 활동대사량을 가집니다. 하루에 음식 섭취량이 이 대사량보다 많으면, 지방으로 몸에 축적되게 됩니다. 사실 몸은 어느 정도 항상성을 유지하려고 하므로, 하루 정도 과식하거나 굶었다고 몸무게가 늘어나거나 줄어든 상태를 계속 유지하기 어렵습니다. 그리고 먹는 음식의 열량이 100% 다 활용되지도 않습니다.

맥주를 마시면 한 캔당 175kcal의 알코올 열량이 몸에 들어오며, 이 열량이 우선하여 사용됩니다. 또한, 에탄올은 간에서 중성지방 합성을 촉진합니다. 그래서 음식으로 추가 섭취한 열량은 그만큼 몸에 쉽게 축적되는 것이지요. 편의점에서 맥주 4캔을 사 먹으면, 1,000kcal가량을 섭취한 것이고, 안주로 섭취한 열량은 더 높은 효율로 그만큼 쉽게 몸에 축적되는 것입니다. 복부비만 대부분은 잦은 음주(술+안주)로 섭취하는 열량은 많지만, 활동량이 적고 기초대사량도 적은 경우가 많습니다.

§

주당이라는 사람들이 하는 이야기 중 '맥주는 배가 불러서 못 먹을 때까지 마실 수 있다'라는 말이 있습니다. 맥주 3,000mL를 한 번에 마시면 상금을 준다는 맥줏집에 관한 기사도 최근에 본 적이 있습니다. 어떻게 맥주는 이렇게 많이 마실 수 있는 것일까요? 그 이유는 에탄올이 소변량을 늘려서 우리 몸이 탈수되기 때문입니다. 10g의 에탄올(약 10mL)은 100mL 가량의 소변을 더 보게 합니다. 술을 마시는 동안 소변을 더 많이 보게 되는 부분 중 일부는 에탄올이 항이뇨 호르몬인 바소프레신(vasopressin)의 분비를 억제시키기 때문입니다. 즉, 맥주 한 캔을 마시면 250mL의 소변을 추가로 보게 하고, 맥주를 마실수록 갈증을 느껴 더 마시게 됩니다. 또한, 맥주의 탄산과 당분 및 전해질 성분은 맥주를 쉽게 마실 수 있게 해줍니다.

술을 많이 마신 뒤 다음날 설사 증상으로 화장실을 자주 찾는 경우가 있습니다. 이는 에탄올이 장운동을 과도하게 활성화해 대장에

서 수분이 섭취될 시간을 주지 못해 변이 묽어져서 그렇습니다. 음주로 늘어난 소변량으로 탈수가 된 상태에서, 다음 날 과도한 설사는 탈수증상을 더 악화시킬 수 있습니다. 적절한 음주량을 지키고 음주 전후로 물을 충분히 섭취하는 것이 좋습니다.

에탄올의 중독성에 대해서는 앞에서 논의했습니다. 맥주를 즐기는데 에탄올의 독성이나 탈수증상만큼 주의할 점이 한 가지 더 있습니다. 바람만 스쳐도 극심한 통증을 느낀다는 '통풍'입니다. 통풍은 혈액 내 요산의 농도가 높아지는 '고요산혈증'에 의해 발생합니다. 요산은 고기나 생선에 많이 들어있는 퓨린(purine)의 대사과정을 통해 생성되며, 소변으로 배출됩니다. 혈액 내 요산 농도가 높아지면 관절이나 혈관 등에 결정을 형성하여 쌓이게 됩니다. 이때 요산 결정을 몸에 침범한 불순물로 인식하여 면역반응이 일어나며, 면역 반응에 의한 염증에 의해서 통풍이 발병합니다.

맥주는 주류 중에서 가장 많은 퓨린을 포함하고 있으며, 요산 합성을 증가시키는 작용을 하여 혈중 요산 농도를 증가시킵니다. 맥주에 의한 탈수증상으로 혈중 요산 농도가 더 증가할 수 있습니다. 사실 맥주만 요산 농도를 올리는 것은 아닙니다. 주류와 상관없이 잦은 음주, 고열량 음식 섭취가 요산 농도를 올려서 통풍을 발생시킨다고 알려져 있습니다. 탄산음료와 주스의 과량 섭취도 통풍 발생률을 높인다고 합니다. 맥주에 빠질 수 없는 고기 안주 또한 요산 농도를 올릴 수 있습니다. 통풍은 만성 대사질환이기에 발병하게 되면 장기적으로 꾸준한 약물치료와 생활 습관 개선으로 혈중 요산 수치의 조절이 필요합니다.

맥주 효모를 섭취하는 것이 건강에 좋다는 말도 있습니다. 단세포 곰팡이류인 맥주 효모에는 크로뮴과 비타민 B 성분이 포함되어 있습니다. 맥주 효모가 탈모 예방에 도움이 될 수 있다는 보고도 있습니다. 다만 맥주를 통해서 이런 성분을 섭취하기에 그 양이 미비해서 효과를 기대하기 어렵습니다. 분명한 점은 맥주는 맛있어서 마시는 것이지 건강 하려고 마시는 것은 아니라는 것입니다. 적당한 음주는 우리 생활에 즐거움과 풍부함을 줄 수 있지만, 적당함을 넘어서면 많은 부작용이 있을 수 있습니다.

5.5 와인, 1,000여 종 화합물의 향연

와인은 포도를 착즙한 주스를 발효하여 만든 술입니다. 포도는 세계 과일 생산량의 약 30%를 차지할 정도로 많이 재배되는 과일입니다. 그만큼 다양한 종이 있으며, 많은 양이 와인을 만드는 데 사용됩니다. 그런 이유로 마트에 가면 정말 많고 다양한 와인이 맥주보다 더 넓은 공간을 멋들어지게 채우고 있습니다. 맥주와 더불어 인류의 역사와 함께 한 주류라고 할 수 있습니다. 수천 년 전에, 포도 주스를 오래 내버려 두면 거품이 일어나며 발효가 되면서 복잡한 향과 맛을 가지는 술이 되는 현상을 발견하고 이를 이용해 즐겨왔습니다. 와인도 맥주와 같은 발효주입니다. 단세포 곰팡이류인 효모를 이용하여 포도의 당분을 발효시켜 만듭니다.

    와인을 양조할 때 가장 많이 사용되는 효모는 놀랍게도 맥주를 담글 때 사용하는 에일 효모(*saccharomyces cerevisiae*, 사카로마이세스 세레비시아) 입니다. 19세기 말 파스퇴르가 효모에 의한 발효를 처음 발견한 뒤, 효모에 따라서 와인의 맛이 달라질 수 있다는 것을 알아냈습니다. 그 후 균주를 분리하여 와인을 담그기 위한 효모의 개발이 시작되었습니다. 그 이전까지 수천 년 동안 와인은 포도를 수확할 때 묻어 들어오는 야생 효모(*kloeckera, candida genera*)에 의한 자연 발효로, 어떻게 보면 매우 수동적인 방법으로 만들었습니다. 제일 많이 사용된다고 해도 의도적으로 배양한 에일 효모를 넣어서 발효하는 와인의 양은 전 세계 생산량의 20%에 불구하고, 나머지는 자연적으로 존재하는 야생 효모에 의존하여 발효하는 정통적인 방법을 고수하고 있기도 합니다. 와인의 맛과 향은 포도품종과 포도의 재배 방법

등에 의해 더욱 다양해집니다. 와인을 발효 후 숙성시키는 과정에 의해서도 맛과 향이 달라진다고 합니다.

와인은 보통 12~15%의 에탄올을 함유하고 있습니다. 글리세롤이 1%, 유기산이 0.5%, 탄닌과 페놀류 화합물이 0.1% 정도 포함된 수용액입니다. 윤활제로 많이 사용되는 글리세롤은 무색무취의 비휘발성 물질로 와인의 향에 직접 기여하지는 않습니다. 하지만 이 양친성 물질은 와인을 부드럽게 하고, 에탄올과 함께 다양한 아로마를 가지는 유기 화합물이 와인이라는 수용액에 녹아 들어가는 데 중요한 역할을 합니다. 글리세롤은 발효 과정 중 생성되는 삼투압과 산화 환원 반응에 효모가 대응하기 위해 생성합니다.

탄닌(tannin)은 떫은맛을 내는 폴리페놀의 일종입니다. 식물에 의해 합성되며 단백질이나 다른 고분자와 반응하여 커다란 폴리페놀계 화합물을 이루는데, 이들 모두 그냥 탄닌이라고 부릅니다. 탄닌은 레드 와인의 맛과 향의 바탕을 이루는 물질입니다. 화이트 와인도 탄닌을 함유하고 있지만, 농도가 상당히 낮습니다. 와인 내 탄닌은 포도의 씨앗, 껍질, 줄기와 숙성 시 사용하는 참나무통 등에서 기인합니다. 와인을 마셨을 때 탄닌은 침 속의 단백질과 결합하여 침전합니다. 그래서 탄닌 함유량이 많으면 입속에서 와인이 부드럽게 넘어가지 않고 텁텁한 느낌이 들어 떫은맛이 나게 됩니다. 이런 이유로 탄닌의 양, 반응 정도에 따라서 와인의 맛이 큰 영향을 받습니다. 포도의 수확 시기, 온도, 숙성 기간 등에 의해 탄닌의 양은 영향을 받습니다. 레드 와인의 붉은색은 안토시아닌(anthocyanin)계 색소에 의한 것입니다. 오랜 기간 와인을 숙성하면 안토시아닌이 탄닌과 결합 반응을 이뤄 와인의 색상이 연해지고 맛이 부드러워지게 됩니다.

와인 내 유기산 함량은 와인의 화학적 안정성, 산도, 품질 등에 큰 영향을 미칩니다. 포도에는 여러 과일과 같이 말산(malic acid)과 타타르산(tartaric acid)이 유기산의 90% 이상을 차지합니다. 발효 과정 중에 말산과 타타르산의 함량은 낮아지고, 시트르산(citric acid)과 젖산(lactic acid) 등의 양이 증가합니다. 그리고 숙성과정 동안 아세트산 등이 생성됩니다. 적절한 유기산은 상큼한 맛을 줄 수 있으나, 과량의 유기산은 와인의 텁텁한 맛의 원인 중 하나입니다.

와인의 향을 결정하는 데 작용하는 중요한 화합물 중 하나가 메톡시피라진(methoxypyrazine) 입니다. 이 화합물은 포도에서 기인하는 데 풋풋한 식물 특유의 향의 원인이 되는 물질입니다. 매우 극미량 존재하는 아이소프로필 메톡시피라진(isopropyl-methoxypyrazine)과 sec-뷰틸 메톡시피라진(sec-butyl-methoxypyrazine)은 와인에서

독특한 흙의 향이 나게 합니다. 그 외에도 다양한 화합물이 존재합니다. 화합물 대부분은 악취의 원인인 물질이지만, 극미량 존재하며 여러 화합물과 어우러질 때 독특한 향으로 감지됩니다.

와인이 참나무통에서 숙성되면, 와인 내 에탄올 수용액이 참나무 속의 다양한 유기물을 축출하여 와인에 함유시킵니다. 바닐라 향을 내는 바닐린(vanillin)부터 트랜스 락톤에 의한 클로버 향, 캐러멜 향을 내는 푸르푸랄, 스모크 향의 원인인 구아이아콜 등이 참나무로부터 와인으로 축출되어 와인의 향미를 증가시킵니다.

와인에는 1,000여종의 화합물이 존재한다고 합니다. 와인의 상업적 가치만큼 품질향상을 위한 연구도 활발해서 와인 내 미량 화합물까지 정밀하게 분석하는 것이 하나의 학문 분야로서 활발하게 연구가 될 정도입니다. 다양한 물질이 다른 함량으로 포함된 와인의 독특한 맛을 결정하는 데 제일 중요한 역할을 하는 것은 포도의 품종입니다. 와인 시장의 경쟁은 다양한 품종의 포도 개발로 이루어졌고, 이런 이유로 포도가 세계에서 제일 많이 재배되는 과일이 됐습니다.

5.6 너무 다양해서 복잡하기까지 한 와인

와인의 양조 과정도 큰 맥락에서는 맥주와 크게 다르지 않습니다. 한 해 동안 잘 여문 포도를 수확하는 것으로 양조가 시작됩니다. 와인 양조에서 포도의 당분은 발효를 위한 주재료이기 때문에 와인의 특성에 맞는 기준에 부합되어야 합니다. 와인의 품질이 그해 포도 농사 결과에 따라 많이 결정되는 것도 이런 이유입니다.

수확한 포도의 줄기를 제거한 후 찧는 과정을 통해 머스트(must)라는 포도즙을 짜냅니다. 레드 와인은 흑포도 계통의 포도를 껍질과 씨를 포함해서 으깨줍니다. 화이트 와인은 흑포도의 알맹이 즙만 짜거나 청포도의 머스트를 이용합니다. 포도 압착 시 압착의 정도에 따라서 껍질과 씨에 함유된 탄닌을 포함한 다양한 화합물의 용량이 정해집니다. 탄닌은 떫은맛의 원인이지만, 오랫동안 숙성을 할 때 와인이 산화되는 것을 막아주는 항산화제의 역할을 하므로 처음부터 그 양을 결정해서 양조해야 합니다. 오랜시간 숙성이 필요한 레드 와인의 재료로 쓰이는 포도는 일반적으로 탄닌의 양이 높은 편입니다. 피노 누아와 같이 탄닌의 양이 적은 포도품종은 와인 생산이 까다로워 높은 가격대를 형성하기도 합니다.

　포도즙은 발효 탱크에서 효모가 당을 발효하는 1차 발효를 거칩니다. 1차 발효한 와인은 압착, 여과 후 참나무통에서 1~2년 동안 숙성됩니다. 그 후 말산(malic acid)을 젖산으로 바꾸는 2차 발효를 하기도 합니다(1, 2차 발효를 같이하는 경우도 있습니다). 2차 발효(malolactic fermentation)는 1차 발효와 달리 유산균을 이용하며, 1차 발효한 와인 내 산성 작용기가 두 개인 말산을 산성 작용기가 하나인 젖산으로 바꾸는 과정입니다. 이렇게 감산이 되면 말산때문에 시큼했던 맛이 발효유와 같이 부드럽고 상큼하게 변하게 됩니다. 또한, 2차 발효/숙성 기간에 탄닌이 안토시아닌 색소와 중합반응을 일으켜 와인의 떫은맛이 줄고 색상이 부드러워집니다. 숙성과정 동안 포도주 내 탄산이 증발되고 효모와 중합 반응된 탄닌이 침전되어 거를 수 있게 됩니다(숙성 후 여과하기도 합니다). 숙성의 가장 중요한 목적은 참나무의 방향성 화합물이 와인에 스며들게 하는 것입니다. 요즘은 값비싼 수제 참나무통 대신에 숙성 탱크에 참나무 조각을 넣거나 참나무 널빤지를 대기도 합니다. 일정 용량의 참나무 속 방향성 물질을 축출해서 와인에 첨가하기도 합니다.

　오랜 시간 와인을 숙성하는 이유는 참나무의 방향성 유기 분자를 물

(85%)과 에탄올(12%)로 구성된 수용액에 녹이는 시간이 오래 걸리기 때문입니다. 탄산이 녹아있는 스파클링 와인은 완성된 화이트 와인에 설탕을 넣어 와인 내 남아있는 효모를 이용한 추가 발효 과정으로 생산합니다.

§

와인 전문가나 애호가는 와인 내 미세한 분자들의 조합으로 형성된 향과 맛을 후각과 미각 수용체에서 매우 높은 민감도와 분해능으로 느낄 수 있을 것입니다. 이것을 매우 정밀하고 정확하게 해내는 전문가를 소믈리에라고 하죠. 하지만 저처럼 와인 애호가도 아닌 사람은 그 미묘한 분자들을 정성적으로나 정량적으로 분석하지 못합니다. 물론 충분한 연구비만 있다면 실험실에서는 정말 잘 해낼 수 있습니다. 하지만 이런 저도 와인의 종류를 구분할 수 있는 몇 가지 포인트가 있습니다. 그중 하나가 포도품종의 차이입니다. 포도품종에 따른 와인의 맛은 누구나 차이를 알 수 있을 정도로 뚜렷한 편입니다. 많은 종류의 포도품종 중 우리가 흔하게 경험할 수 있는 대중적인 와인 제조에 쓰이는 포도품종에 대해서 대략 알아보죠.

레드 와인 포도로 가장 대표적인 카베르네 소비뇽(cabernet

sauvignon)은 프랑스 보르도 지방이 원산지이나 미국 캘리포니아, 이태리, 스페인, 칠레, 호주 등 다양한 지역에서 재배되고 있습니다. 탄닌의 양이 많아서 떫을 수 있지만, 그만큼 장기 숙성이 가능하여 다양한 품질의 와인으로 다양한 가격대에서 접할 수 있습니다. 산도도 높은 편이어서, 메를로나 카베르네 프랑과 같은 포도로 만든 와인과 혼합한 블렌딩 와인 제조에 많이 사용됩니다. 풍부한 향을 가지고 맛이 강한 편입니다. 메를로(merlot)도 프랑스 보르도 지방이 원산지이나 카베르네 소비뇽만큼 다양한 지역에서 재배됩니다. 메를로는 산도가 낮고 탄닌의 양이 적으며, 달콤하고 과즙이 많아 카베르네 소비뇽과 혼합한 블렌딩 와인을 제작되는 데 많이 사용됩니다.

피노 누아(Pinot Noir)는 서늘한 기후에서 재배되는 포도입니다. 프랑스 부르고뉴 지방 내 코트도르(Côte-d'Or)주에서 가장 활발히 재배되고 와인으로 생산되고 있습니다. 키우기 까다로우므로 피노 누아로 만든 와인은 비싸고 높게 평가받고 있습니다. 이러한 이유로 피노 누아 와인을 도도한 와인(snobby wine)이라고도 하기도 합니다. 약간 차갑게(12℃) 즐기는 피노 누아는 과일 향이 풍부하고 상큼한 맛을 가진다고 합니다. 껍질을 벗겨 양조한 화이트 와인은 스파클링 와인을 만드는 데 사용됩니다.

시라(syrah) 혹은 시라즈(shiraz)는 매우 짙은 색상의 포도로 프랑스 남동부 지역이 원산지입니다. 추위에 강하고 잘 자라서 다양한 지역에서 재배되고 있습니다. 시라로 만든 와인의 맛에는 짙다는(dark) 표현을 많이 합니다. 짙고 묵직하고 강한 맛은 탄닌의 양이 많고 방향성 물질이 풍부하게 함유됐다는 것을 의미합니다. 강한 맛을 지니고 있어 카베르네 소비뇽, 메를로 등 다양한 포도와 혼합한 블렌딩 와인으로도 제작됩니다.

이탈리아 북서 피에몬테 지역에서 생산되는 네비오로(nebbiolo)는 대표적인 이태리 품종입니다. 탄닌이 풍부하고 산도도 높은 편이라서 장기 수성한 와인을 제조하는 데 사용되기도 합니다. 스페인의 대표적인 품종인 템프라니요(tempranillo)도 탄닌과 산도가 어느 정도 있는 품종입니다.

화이트 와인의 재료로 쓰이는 청포도에도 탄닌은 풍부하게 함유되어 있습니다. 다만, 화이트 와인을 양조할 때 껍질과 씨앗을 같이 갈아 넣지 않아서 와인에 탄닌의 양이 많지 않습니다. 상대적으로 달콤하고 향긋한 맛을 특징으로 하며, 샤르도네(chardonnay), 리슬링(riesling), 소비뇽 블랑(sauvignon blanc) 등의 품종이 와인 제조에 많이 사용됩니다. 이 외에도 매우 다양한 포도품종이 있으며, 다양한 품종의 블렌딩으로 만든 와인들이 있습니다.

§

와인이 국내에서 큰 관심을 받는 이유 중 하나가 '건강한 술'이라는 명성 때문입니다. 와인의 85%는 물을 포함하여 다양한 폴리페놀, 탄닌, 유기산 등 하나하나 따지면 건강에 좋은 물질들임은 분명합니다. 문제는 10~15%를 차지하는 알코올입니다. 주스도 건강에 좋지만 높은 당분이 문제인 것처럼, 와인도 건강에 좋다지만 당분이 발효되어 생성된 에탄올이 문제입니다. 다양한 매체에서 성인 남성의 경우 하루 두 잔(< 300mL), 여성의 경우 한 잔(< 150mL)의 와인 섭취량을 권장합니다. 간 손상을 일으킬 수 있는 부작용 때문에 타이레놀과 같은 해열진통제를 복용할 때 하루 두 잔보다 많은 양(3잔 이상)의 와인을 마시면 의사와 상담하라는 설명까지 나와 있습니다. 하지만 '하루 와인 두 잔' 설의 근거가 명확하지 않으며, 와인이 다른 술보다 건강에 좋다는 것도 잘 모르겠습니다. 장기간 주기적인 음주는 장점보다 단점이 많을 것입니다. 와인으로 얻을 수 있는 건강에 좋다는 성분들은 매일 먹는 채소나 과일에도 풍부하게 있습니다.

5.7 막걸리와 청주, 그리고 약주

제가 재직하고 있는 고려대학교는 막걸리 대학이라는 별칭이 있습니다. 운동대회 응원가 중에 '막걸리 찬가'라는 것도 있어 미국으로 유학을 가기 전 고려대 재학시절에 지겹게도 불렀습니다. 하지만 막걸리보다는 희석식 소주만 마셨던 기억이 납니다. 오히려 막걸리를 본격적으로 접하게 된 것은 십 년 전 포스텍에 임용돼서 포항에 살 때였습니다. 막걸리 열풍과 더불어 마트에 다양한 종류의 막걸리가 겨울철 포항의 별미인 과메기와 반건조 오징어와 함께 진열되어 있어서, 주말에 종종 사 먹었던 기억이 있습니다. 비리면서 고소한 과메기 한 점과 포항 영일만에서 양조한 막걸리 한 잔, 참 맛있던 기억이 있습니다. 우리나라 전통 발효주인 막걸리는 기본적으로 쌀을 원료로 하는 술입니다. 또 다른 쌀을 원료로 한 발효주인 청주를 떠내고 남은 술지게미를 물로 희석하며 채로 거른 현탁액이 막걸리입니다.

막걸리도 효모가 쌀의 당분을 대사하며 알코올을 생성하는 발효 과정으로 양조 됩니다. 맥주를 양조할 때 보리의 싹을 틔워 녹말을 발효하기 쉬운 단당류와 올리고당으로 분해하듯이 막걸리도 쌀의 녹말을 분해해서 발효합니다. 이 과정에 누룩곰팡이(황국균, *aspergillus oryzae*)를 활용합니다. 누룩곰팡이는 α-아밀레이스와 글루코아밀레이스를 분비하여서 녹말을 분해합니다. 누룩곰팡이는 매우 다양한 종이 있으며, 발효에 활용되는 것은 황국균 외에 흑국균(*aspergillus luchuensis*), 백국균(*aspergillus luchuensis mut. kawachii*) 등이 있습니다. 누룩곰팡이의 대사 작용으로 펩타이드와 다양한 화합물이 형성되어 균 종류에 따라 술의 맛과 향이 달라집니다. 누룩곰팡이를 키울 때 효모도 함께 자라고, 이를 분쇄한 쌀이나 밀, 밀기울 등에 키워서 말린 것을 '누룩'이라고 합니다. 막걸리를 만들 때 사용하는 효모도 다양하게 존재하지만, 맥주나 포도주 발효에 쓰이는 에일 효모(*saccharomyces cerevisiae*, 사카로마이세스 세레비시아)가 상업적으로 많이 사용됩니다.

양조를 위해서 찹쌀이나 멥쌀을 쪄 만든 고두밥이나 죽, 떡 등에 '누룩곰팡이와 효모가 자란 누룩'을 섞고 물을 부어 발효시킵니다. 사케라고 불리는 일본 청주는 밥에 누룩곰팡이를 키운 코지(koji)를 만든 후, 고두밥, 물과 함께 효모를 넣어서 발효합니다. 상온보다 조금 낮은 20~25℃에서 10~20일간 발효한 뒤 수용액만 거른 것은 청주, 물에 희석한 현탁액은 막걸리가 됩니다. 두 종류의 술이 한 번에 만들어질 수 있으나, 상업적 생산으로 이제는 청주와 막걸리를 따로 제작합니다.

§

막걸리와 청주도 발효주인 만큼 수백 종의 화합물이 향연을 이룹니다. 이 중에 쌀 발효주 고유의 향은 피루브산(pyruvic acid)을 비롯한 아이소아밀 아세테이트(isoamyl acetate), 헥사논산에틸(ethyl hexanoate) 등이 원인입니다. 에틸아세테이트(ethyl acetate)나 아세트알데하이드(acetaldehyde) 등도 미량 포함되어 톡 쏘는 맛을 줍니다. 푸마르산(fumaric aicd), 피리독신(pyridoxine) 등과 다양한 아미노산 및 작은 펩타이드는 쌀로 만든 술의 맛을 비리게 하는 원인입니다. 이 중 아미노산과 작은 펩타이드들은 단백질 대사과정에 의해서 형성되는데, 쌀의 겉면에 많이 함유된 단백질과 지방 성분을 없애기 위해서 일본에서는 사케를 담글 때 쌀을 도정합니다. 도정을 한 정도에 따라서 긴조(정미 비율 60% 이하), 다이긴조(정미 비율 50% 이하)로 등급을 매깁니다.

흥미로운 점은 막걸리와 청주는 맥주나 포도주와 달리 방향성 화합물이 적다는 것입니다. 곡물의 발효 과정만으로 술을 담그기에 쌀과 효모, 누룩에 의한 대사물이 맛과 향을 결정하는 특징이 있습니다. 막걸리의 경우 특이하게 단맛이 강합니다. 단맛의 원인은 누룩곰

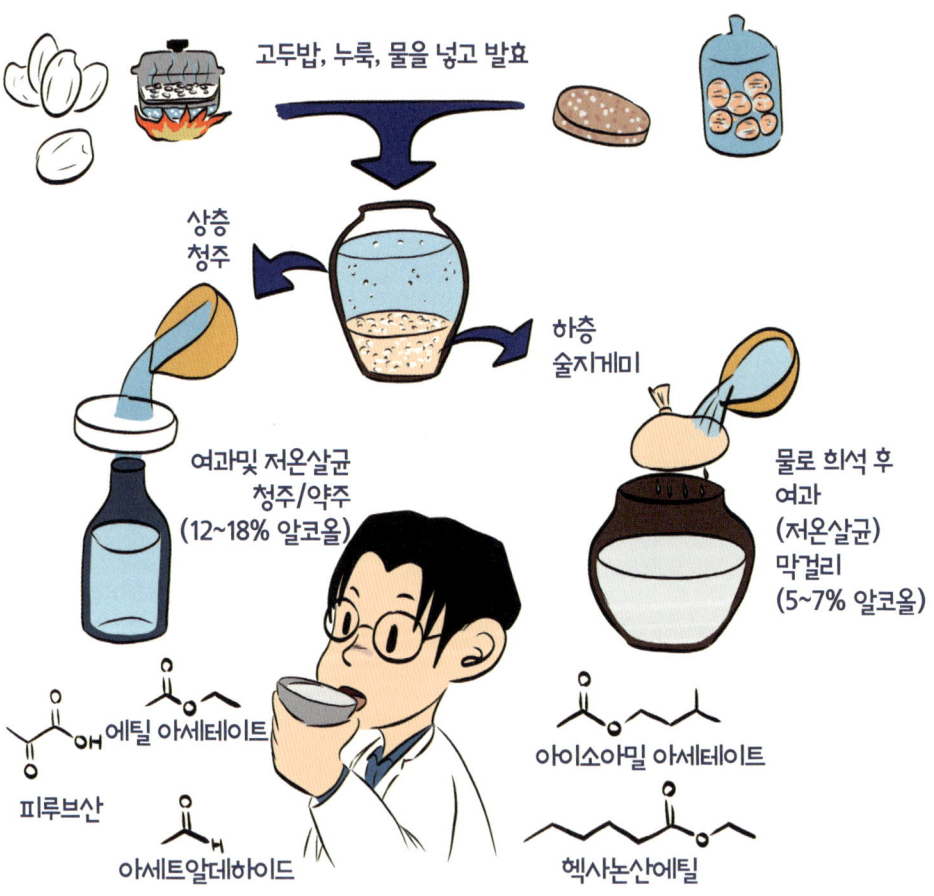

곰팡이에 의해서 형성된 포도당과 올리고당 때문이기도 하지만, 대부분 설탕이나 다양한 인공감미료로 단맛을 강화하여 판매하기 때문입니다. 반면에 청주는 첨가제 없이 담근 술 자체가 제품으로 나옵니다. 물로 희석한 막걸리(~5% 알코올)에 비해서 알코올 함량도 높고 (12~18%), 단맛도 적습니다.

§

마트에 가거나 전통술 파는 곳에 가면, 쌀로 주조한 맑은 술인데 청주가 아니라 '약주'라고 부르는 술이 있습니다. 약주에는 다양한 한약재나 꽃잎 등이 추가된 것이 많지만, 청주와 같이 쌀과 누룩, 물만을 재료로 만든 것도 있습니다. 우리나라 주세법에 따라 전통 누룩을 1% 이상 사용하면 약주, 1% 미만을 사용하면 청주라고 구분 짓게 하기 때문입니다. 누룩의 함유량이 많으면, 더 풍부한 대사체가 형성되어 향이 강해집니다.

구기자, 인삼, 진달래, 국화 등을 추가하여 만든 약주는 맥주의 홉과 같이 방향성 화합물이 알코올에 녹아들어 쌀 발효주 고유의 산뜻한 맛에 풍미를 추가해 줍니다. 오직 쌀의 발효 과정에서 나오는 방향성 분자의 맛과 향에 의존하는 청주와 확연하게 차이가 납니다. 청주가 발달한 일본의 경우, 방향성을 늘리기 위해서 첨가물을 넣는 대신에 에일 효모를 다양하게 개발하여 쌀 발효의 맛을 다르게 하는 것으로 양조 기술이 발전해 나갔습니다. 그래서 약주와 같은 우리 전통주는 마시기 전에 향이 강한 특징이 있지만, 일본 사케의 경우 강한 방향성 향은 적은 편입니다. 같은 재료를 기반으로 한 술도 지역에 따라 다양해지고 발전 방향이 다를 수 있다는 것은 과학자 이전에 한 명의 소비자로서 매우 즐거운 일이 아닐 수 없습니다.

§

많은 발효주의 알코올 도수가 10% 내외에 머뭅니다. 이는 포도당을 대사하여 에탄올을 생성하는 사카로마이세스 계열의 효모가 에탄올 함량에 버티는 능력과 연관됩니다. 대부분은 16~17%, 최대 18% 정도의 알코올이 형성되면 효모는 대사 작용을 멈춥니다. 하지만 압력을 높이고 세포 내 다양한 물질을 생성하는데 중요한 질소를 추가 공급하면 더 높은 알코올을 함유한 발효주를 만들 수 있습니다. 과학적인 비유는 아니지만, 대사 생성물, 즉 효모의 입장에서 배설물인 에탄올을 치워주지 않고 계속 쌓인 상태에서 지내라고 하면 그리 즐겁지는 않을 것입니다. 압력을 높이고 질소와 당분을 추가로 공급하여 알코올 도수를 높이는 것도 양조 기술의 도전이 될 수 있으나, 인류는 자연에 의존하지 않고 분리 기술을 이용하여 높은 알코올 함량을 지닌 발효주와 완전히 다른 술, 증류주를 개발했습니다. 술의 과학 마지막으로 증류주에 대해서 알아보겠습니다.

5.8 위스키, 브랜디, 그리고 소주

제가 이해하는 화학은 분자 수준에서 물질을 이해하고 개질하는 학문입니다. 이런 관점에서 증류주는 술이라는 음료의 화학적 완전체라고 할 수 있습니다. 발효주란 미생물(효모)의 당분 대사과정을 통해서 생성된 에탄올이 함유된 음료입니다. 우리가 마시는 발효주는 에탄올 외에도 효모의 대사과정에서 형성되는 다양한 화합물과 당분의 원료(쌀, 보리, 포도 등)에 포함된 화합물이 어우러져 독특한 향과 맛을 가집니다. 지역에 따라 문화에 따라 각기 다른 방법으로 발효를 하게 됐고, 인류의 긴 역사와 함께 다양한 발효주가 발달하게 됐습니다.

사실 여기까지는 매우 수동적인 방법으로, 작용 매커니즘의 이해를 바탕으로 인류가 술이라는 음료의 물성 변화를 주도하지는 못했습니다. 하지만 맥주에 홉을 넣고, 포도주를 참나무통에서 숙성하고, 쌀을 도정함으로써 인류는 본격적으로 이 화학반응에 개입하기 시작합니다. 더 나아가 인류는 '화학적 분리법'의 두 방법인 증류(distillation)와 추출(extraction)을 이용해 술이라는 음료의 핵심 성분인 '에탄올'과 '방향성 분자'의 함유량을 적극적으로 제어하며 술의 제조에 개입합니다. 과학의 발달이 다양한 분야에 인간의 적극적 개입을 가능하게 했지만, 그 시작에는 기원전 2000년부터 개발된 증류주가 있었다고 해도 과언이 아닐 것입니다.

증류주는 기본적으로 발효주에 함유된 에탄올을 증류를 이용해 발효주로부터 분리하여 만듭니다. 물과 에탄올은 수소결합으로 잘 섞이는 편입니다. 이렇게 섞인 수용액의 끓는점은 에탄올과 물의 비율에 따라서 결정됩니다. 끓는점까지 가열하면 용액이 증발하게 되는데, 끓는 점이 물(100℃)보다 낮은 에탄올(78.4℃)이 기체 상태에서 더 높은 비율로 존재하게 됩니다. 기체 상태의 물과 에탄올 혼합 증기를 낮은 온도의 관으로 이동시켜 다시 응축시키면 더 높은 에탄올 함유량을 가진 용액을 얻을 수 있습니다. 예를 들면 5%의 에탄올을 함유한 수용액은 약 96℃에서 끓기 시작합니다. 이때 끓어서 형성된 96℃의 증기에는 약 40%의 에탄올과 60%의 물이 함유되어 있습니다. 끓는 점이 낮은 에탄올이 더 높은 비율로 기화된 것이죠. 이 증기를 85℃ 이하로 식히면 응축되어 40% 에탄올을 함유한 용액이 됩니다. 이런 식의 기화와 응축을 몇 단계 거치면 에탄올 함유량을 높일 수 있습니다.

하지만 에탄올은 수소결합으로 물과 잘 어울리기 때문에 에탄올 함량이 95.6%이면 끓는점 78.2℃에서 용액과 증기의 성분비율이 변하지 않아서 더는 분리가 될 수 없습니다. 이렇게 효모에게서 얻은 낮은 에탄올 함유량을 증류를 통해 최대 95.6% 안에서 자유롭게 조절할 수 있습니다.

증류를 통해 부수적으로 발효주 내에 함유된 비휘발성 탄수화물이나 단백질 성분들을 거의 완전하게 제거할 수 있습니다. 물론 발효주 내에서 특유의 향과 맛을 담당하던 휘발성 물질은 증류주에도 일부 함유되어 있습니다. 안동 소주와 같은 증류식 소주와 중국의 백주는 청주와 같은 발효주를 밑술로 증류하여 얻습니다. 요즘은 숙성과정을 거친 술도 있지만, 대부분 여과 후에 별도의 숙성과정 없이 판매됩니다. 하지만 곡물 발효 시 함유되는 에스터 계열의 화합물 등이 증류주에도 함유되어 있어서 특유의 맛이 이어집니다.

§

증류주에는 높은 함량의 에탄올이 함유되어 있습니다. 에탄올은 물과 잘 섞이지만 무극성 분자와도 잘 섞이는 양친성을 가집니다. 즉, 다양한 향을 가질 수 있는 방향성 무극성 분자를 술이라는 용액에 녹

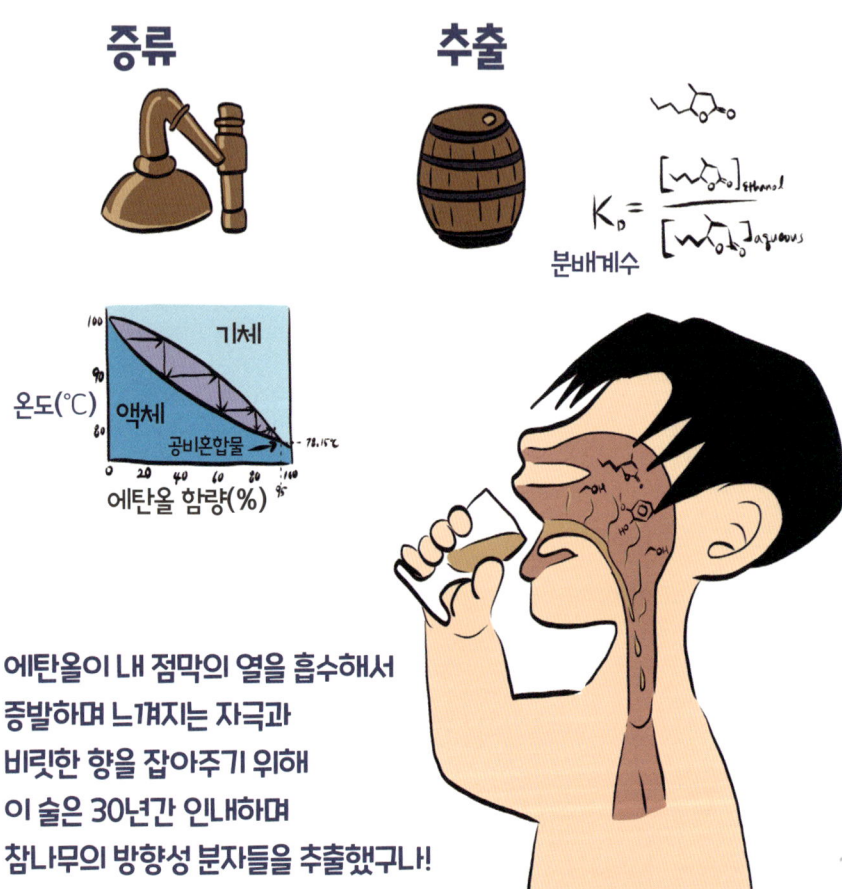

에탄올이 내 점막의 열을 흡수해서
증발하며 느껴지는 자극과
비릿한 향을 잡아주기 위해
이 술은 30년간 인내하며
참나무의 방향성 분자들을 추출했구나!

두 잔 이상이면 못 느낄 이 풍미여~

게 해줍니다. 높은 에탄올 함유량은 술의 향을 풍부하게 해주는 방향성 분자를 더 많이 녹게 합니다. 포도주 숙성을 통해서 알게 된 참나무에는 많은 방향성 분자가 함유되어 있고 증류주의 높은 에탄올 함유량 덕에 이들을 더 많이 추출할 수 있습니다. 포도주를 숙성시킨 참나무통을 사용하여 위스키를 숙성하면 포도주가 나무에 스며들어 남긴 과실주 특유의 분자들도 증류주가 추출할 수 있습니다.

증류주의 일등 주자인 위스키는 맥아와 곡류를 발효한 밑술을 증류하여 만듭니다. 맥주와 달리 밑술을 양조할 때 홉을 첨가하지 않습니다. 맥아만을 이용하여 만들면 몰트위스키, 곡물을 이용한 그레인위스키와 섞으면 브랜디드위스키, 한 증류소의 몰트위스키만 사용하면 싱글몰트위스키라고 부릅니다. 위스키는 최소 3년 이상 참나무통에서 숙성되며, 숙성 전 위스키는 연속 증류를 통해 약 70%의 에탄올을 함유하고 있습니다. 하지만 에탄올은 숙성과정에서 증발하여 그 함량이 55~65%까지 낮아집니다. 이렇게 귀중한 알코올을 증발시키면서까지 얻은 물질은 나무 향과 코코넛 향을 내는 위스키 락톤(whisky lactone)과 바닐라 향을 내는 알데하이드 등의 화합물입니다. 이들은 맥아의 발효 과정에서 첨가된 스모키향을 내는 구아이아콜을 비롯한 다양한 화합물과 조화를 이루며 위스키 특유의 맛과 향을 책임집니다.

오랜 기간 숙성할수록 에탄올 대비 이들 화합물의 함유량은 많아지게 됩니다. 위스키와 같은 증류주를 마실 때 특유의 타들어 가는 느낌은 점막 표면에서 에탄올이 증발하며 열을 흡수하기 때문입니다. 이때 높은 휘발성의 에탄올과 함께 이들 아로마가 같이 증발하고, 코의 수용체에서 감지됩니다. 이 방향성 분자들이 높은 에탄올 함유량에 따른 비릿한 향을 커버해주면서 술의 목 넘김을 부드럽게 해줍니다. 하지만 이 효과는 안타깝게도 한 두잔 정도면 끝납니다. 어차피 그 이상 마시면 중추신경이 마비돼서 에탄올의 비린 향도, 아로마의 향기도, 점막조직의 발열도 잘 느끼지 못합니다. 그래서 처음 술은 비싸고 좋은 술로 시작하되, 굳이 끝까지 그렇게 마실 필요는 없다고 생각합니다. 물에 타서 음용하는 것을 전문가들은 권유하는데, 알코올 함유량을 20%까지 낮추면 느리게 취하게 돼서 감각이 유지되고, 구아이아콜과 같은 방향성 분자가 잘 증발할 수 있어 지속해서 향을 즐길 수 있다고 합니다.

코냑을 대표로 하는 브랜디는 포도주를 밑술로 증류한 술로, 위스키와 마찬가지로 참나무통에서 숙성합니다. 포도주 특유의 탄닌과 폴리페놀, 에스터, 유기산 등이 브랜디에도 함유되어 있습니다. 다만 포도주와 달리 유기산 중 식초 성분인 아세트산의 비율이 높고, 푸르푸랄을 비롯한 푸란계 화합물 등도 포함되어 있습니다. 포도주 내 많은 화합물이 증류 과정에서 화학반응에 의해서 바뀌게 되는데, 단일 증류를 하는 브랜디에 비해서 2회 연속 증류를 하는 코냑에 푸란계 화합물이 많은 특징이 있습니다.

§

전 세계적으로 제일 많이 소비되는 증류주는 우리의 '희석식 소주' 입니다. 희석식 소주는 증류식 소주와 달리 쌀, 타피오카, 옥수수, 고구마 등 다양한 곡물(하지만 주로 값싼 타피오카)을 발효하여 양조한 밑술로 만듭니다. 밑술을 연속 증류법으로 95% 에탄올을 함유한 주정으로 만듭니다. 95%의 에탄올 용액에는 증류주 특유의 화합물도 분리되어 거의 순수한 에탄올 맛과 향만 있습니다. 이 주정에 물을 섞어 원하는 에탄올 함유량까지 희석하고, 쌀/보리 소주 원액을 미량 첨가한 것이 '희석식 소주'입니다. 단맛을 위해 인공감미료도 첨가합니다. 사실 '희석식 소주'라기보다는 '소주향 주정 희석 주'가 더 맞는 표현이라고 생각합니다. 우리나라 주정은 대한주정판매(주)에서 일괄 납품하며, 회사마다 다른 소주 맛은 첨가물의 차이입니다.

이 주정 희석 술에는 놀라운 기능이 있습니다. 15~20%의 높은 알코올 함유량에도 맥주보다 싼 가격으로 구매할 수 있게 해주고, 효모를 혹사하지 않고 원하는 높은 알코올 도수의 한국형 주정 강화 맥주, '소맥' 제조를 가능하게 해주는 것입니다. 이러한 높은 가격 경쟁력과 활용도를 바탕으로 증류주 부분 세계 판매 1위를 차지하고 있습니다.

§

다양한 술이 있고, 술은 인류의 문화와 함께한 음료입니다. 화학적으로도 매우 흥미로운 대상입니다. '5장 술잔 속 과학' 시작을 반수치사량으로 했듯이, 마무리도 음주에 대한 경고로 하겠습니다. 우리나라 사망자 중 약 11%가 음주와 관련되어 발생한다고 합니다. 이 중 80.9%가 음주 관련 질병으로 사망한다고 하는군요. 만성적인 과음은 각종 암을 비롯하여 알코올성 심근병, 부정맥, 고혈압, 뇌혈관질환, 고지혈증, 췌장염, 위염, 알코올성 간 질환, 신경계 질환, 태아알코올증후군의 발생을 증가시킬 수 있습니다. 서울대병원을 비롯한 여러 임상 기관에서 술은 천천히 적게 드시고, 음주 후 2~3일은 술을 마시지 말고 간을 쉬게 하라고 권유합니다.

6장

조미료의 과학

6.1 짠맛을 내는 소금

군대에 있을 때 초반에 제일 힘들게 느낀 작업 중 하나는 취사 지원 작업이었습니다. 21년간 엄마가 해주는 밥만 잘 얻어먹다가, 부대 내 1,000여 명의 식사를 몇몇 인력과 함께 해결하는 것은 매우 힘든 일이었습니다. 어쨌든 국방부 시계는 돌아가서 계급은 올라갔고, 자주 나갔던 취사 지원 작업으로 취사병들과도 친해졌습니다. 나중에는 굳이 필요 없다고 해도 자원해서 취사 지원 작업을 나갔던 기억이 있습니다. 이때 배운 요리의 기본이 전역 후 혼자 10여 년을 살아갈 때 생존에 매우 중요한 기술이 됐습니다. 요즘도 가끔 집에서 요리하는데, 아들 말로는 특식은 아빠 요리가 최고라고 합니다.

요리를 잘하고 못하고를 결정하는 많은 요소가 있겠지만, 아마추어 수준에서 제일 중요한 것은 '간'을 맞추는 것일 겁니다. 라면 하나 못 끓인다고 할 때, 물의 양을 못 맞춰서 '간'이 안 맞는 경우가 제일 많은 것을 보아도 아마추어 요리에서 그 비중이 얼마나 큰 것인지 알 수 있습니다. 즉 음식의 짠맛을 얼마나 잘 조절하느냐인데, 이게 말이 쉽지, 생각보다 어렵습니다.

짠맛은 소금의 성분 중 소듐 이온(나트륨 이온, Na^+)이 미각 세포 내 상피형 소듐 이온 채널과 작용해 느껴집니다. 소듐 이온 외에도 여러 이온이 미각 세포 내 수용체와 작용해 '농도에 따라' 짠맛으로 느껴지게 됩니다. 암모늄(NH_4^+), 포타슘(K^+), 칼슘(Ca^{2+}), 리튬(Li^+) 이온 등, 소듐 이온과 비슷한 크기의 양이온들도 짠맛이 나는데, 소듐 이온과 달리 이들 이온은 쓴맛이나 신맛 등 다른 맛이 같이 날 수 있습니다. 이들 양이온과 짝을 이루는 음이온의 크기에 따라서도 짠맛이 다를 수 있습니다. 음이온의 크기가 작을수록 짠맛이 강해지고, 커지면 쓴맛이 나게 됩니다. 이런 염들이 혼재된 소금의 맛을 단순히 짠맛이라고만 할 수 없습니다. 그래서 생산지에 따라 성분이 다른 천일염의 맛이 다른 것입니다.

소금이 입안에 들어오면, 소듐 이온 채널이 소듐 이온을 미각 세포 내로 이동시키고, 그 반응으로 세로토닌(serotonin), 바소프레신(vasopressin), 알도스테론(aldosterone) 등의 신경전달물질과 호르몬이 분비되어 짠맛을 느끼게 됩니다. 신경세포가 소듐 이온 농도에 반응한다는 것인데, 사람마다 짠맛의 기준이 다른 것은 유전적 요인에 따른 것이라고 합니다. 즉, 짠맛의 기준이 각자 다르니 간을 잘 맞추는 일이 쉽지 않다는 것입니다.

§

우리가 쉽게 접하는 소금 중 천일염은 염전에서 바닷물을 증발시켜 얻습니다. 천일염의 경우 소듐 이온이 약 30%, 염화 이온이 약 55% 정도 함유되어 있습니다. 그 외에는 칼슘, 포타슘 이온 등을 포함한 다양한 물질이 미량 함유되어 있습니다. 일상 요리에 많이 사용하는 정제염은 염화 소듐(염화 나트륨, NaCl) 성분량을 약 99.5%까지 늘린 것으로 다른 염에 의한 영향을 줄이고 순수 염화 소듐에 의한 짠맛을 강하게 한 소금입니다. 또한, 정제염은 천일염보다 입자가 작은 특징을 가집니다. 미네랄 섭취를 위해서 천일염을 사용하라고 하는데, 마그네슘, 칼슘, 철과 같은 미네랄은 각각 1~3% 정도밖에 없어서 소금을 통해서 충분히 섭취하기에는 어렵습니다. 하지만 정제염보다 입자의 크기가 큰 천일염이 요리할 때 같은 부피로 첨가하면 상대적으로 적은 염화 소듐을 함유하므로 소듐 이온의 섭취량을 더 적게 해줄 수는 있습니다.

아이오딘(요오드, I^-) 이온의 경우 섭취가 부족하면 다양한 갑상선 질환의 원인이 됩니다. 그래서 아이오딘 이온을 첨가한 정제염이 판매되기도 합니다. 우리나라의 경우 아이오딘 섭취량이 일본을 제외한 다른 나라보다 훨씬 높으므로 굳이 아이오딘 첨가 소금을 먹을 필요는 없을 것입니다. 다만 아이오딘 섭취가 주로 해조류와 어패류를 통해 이루어져 개인 간 섭취량의 차이가 크므로, 가정마다 식단을 생각해서 판단하면 될 것입니다.

핑크 솔트로 대표되는 암염의 경우 미네랄을 많이 함유하고 있어 건강에 더 좋다고 이야기하기도 합니다. 하지만 미네랄은 다른 소금과 같이 극미량 함유되어 있고, 약 98.5%가 염화 소듐으로 구성되어 있습니다. 정제염만큼 염화 소듐이 높은 비율로 함유되어 있고, 미네랄을 보충하기에는 그 양이 충분치 않습니다.

소듐 이온은 생명에 필수적이기 때문에 우리가 필요로 하고 찾게 됩니다. 소듐 이온은 다양한 체내 대사와 신경전달에 관여하며, 체액의 농도, 혈관 내 pH와 삼투압, 그리고 혈압을 유지하게 해줍니다. 다양한 체내 대사와 신경전달에 관여하는 등 생명 유지에 필수적인 미네랄입니다. 이런 이유로 탈수 시 빠른 수분 섭취를 위해서 소금을 같이 섭취하기도 하고, 이온 음료에도 소듐 이온이 함유되어 있습니다. 섭취량이 부족하면 문제이지만, 사실 그럴 일은 없을 듯합니다. 현재 우리가 겪는 염화 소듐과의 문제는 과량 섭취입니다. 염화 소듐의 반수치사량은 3g/kg으로, 70kg 성인 남성 기준으로 210g에 해당합니다. 밥 한 공기에 버금가는 양으로 스스로 이만큼을 한 번에 섭취하기

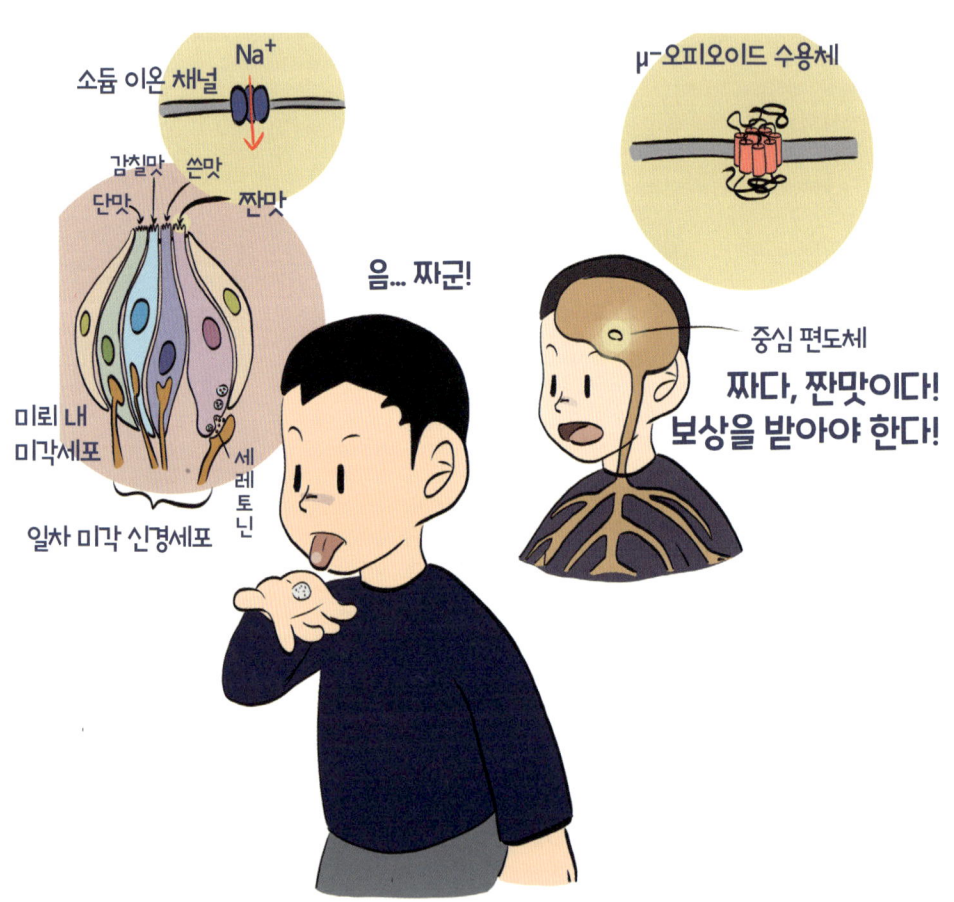

는 매우 어렵습니다. 우리가 말하는 염화 소듐 과량 섭취는 권장량을 조금 넘어서는 양을 꾸준히 섭취하는 것을 의미합니다.

§

장기적 소듐 이온의 과량 섭취는 다양한 질환과 연관되어 있습니다. 소듐 이온의 경우 필수적으로 하루 500mg 이상 섭취가 필요합니다. WHO에서는 매일 2g 이하의 소듐 이온 섭취를 권장하고 있습니다. 소듐 이온은 몸에 필수적이다 보니, 섭취 시 뇌에서 신경전달물질 반응으로 보상을 받으며, 이에 따라 중독될 수 있습니다. 아직 정확한 중독 메커니즘은 규명되지 않았으나, 최근 연구에서 오피오이드(opioid, 마약성 진통제) 계열 수용체(μ-opioid receptor)가 작용한다는 것을 동물 실험을 바탕으로 발표했습니다. 알코올 중독이나 설탕 중독과 같이 신경전달물질에 의한 보상 메커니즘이 관련된 것이죠.

정제염 소금 한 티스푼 양에는 2.3g의 소듐이 들어있습니다. 취향에 따라 다르지만, 설렁탕 한 그릇에 넣는 양이 이보다 그렇게 적지는 않을 것입니다. 라면 한 봉지에 함유된 소듐 이온은 약 1.8g입니다. 식약처에 따르면 한국인 평균 일일 소듐 이온 섭취량은 약 3.7g으로 일일 권장량을 많이 넘어 섭취하고 있습니다. 과량 섭취하면 장기적으로 고혈압을 비롯한 심혈관계 질환의 위험이 커집니다. 그 외에도 만성신장 질환과 칼슘 결핍도 유발할 수 있습니다.

염화 소듐 중독에 따른 과량 섭취를 해결하기 위해서 과학자들은 가능한 대체품을 찾고 있습니다. 천일염에서 겪은 것과 같이 다른 염화물은 짠맛과 쓴맛, 신맛 등이 섞여 있어서 염화 소듐을 대체하기에 적절하지 않습니다. 짠맛을 가진 펩타이드 등도 개발되었지만, 상업적 효과는 아직 알려진 바 없습니다. 이런 와중에 최근 염화 소듐 섭취량을 조절하기 위한 대체재로 글루탐산 소듐(글루탐산 나트륨, monosodium glutamate), 즉 MSG를 권유하기도 합니다. '건강하지 않은 조미료'의 대명사에서 염화 소듐의 대체재로 권장 받게 된 MSG에 관한 내용과 간을 맞추는 데 전통적으로 사용되던 간장 등 가장 흔하게 사용하고 섭취하는 조미료에 관해서 알아보죠.

6.2 MSG는 높은 악명만큼 나쁜 조미료일까?

한 번은 동료 교수님들과 점심 식사를 같이한 적이 있습니다. 새로운 맛집이라고 해서 수업이 끝나자마자 부랴부랴 나서서 나름 맛있게 먹고 나왔습니다. 한 교수님께서 "김 박사님, 조미료를 많이 넣은 것 같지 않아요?"하고 물으시더군요. 저는 미묘한 향이나 맛에 좀 둔감한 편이라서 모르겠다고 했습니다. MSG를 많이 넣어서 그런지 얼굴이 땅기는 느낌이 든다고 하시더군요. 이러한 현상을 중국음식점 증후군(chinese restaurant syndrome) 혹은 MSG 복합증후군(MSG syndrome complex)이라고 합니다. 글루탐산 소듐(글루탐산 나트륨, monosodium glutamate), MSG를 많이 첨가한 음식을 먹고 나면, 불쾌감, 식은땀, 메스꺼움, 근육경련 등의 증상이 일어난다는 것으로 최초 보고는 1968년 의학계 저명저널인 New England Journal of Medicine(NEJM)에 미국 National Biomedical Research Foundation 소속 의사인 로버트 호만 퀵(Robert Ho Man Kwok)에 의해 이루어졌다고 알려졌습니다.

여기에 오해가 좀 있는데, 로버트 퀵의 보고에는 중국 음식을 먹은 후 겪게 되는 증후군이 MSG에 의한 것이라는 단정이 없습니다. 퀵의 보고는 중국 음식에 들어가는 1) 맛술에 의한 숙취인지, 2) MSG에 의한 것인지, 아니면 3) 소듐(나트륨) 이온의 함량이 너무 높아서 그런 것인지 동료 의사들과 논의해봤으나 잘 모르겠으니, 연구가 필요하다는 의견으로 마무리됩니다. 하지만 이 뒤로 MSG가 원인일 것이라는 유사한 사례에 대한 보고가 계속해서 이어지게 됩니다. 저명한 사전 출판회사인 메리엄-웹스터(Merriam-Webster)는 1993년 '중국음식점 증후군'을 사전에 추가하며 MSG를 원인으로 지목했습니다. 이 전후로 MSG는 건강에 안 좋은 조미료의 대명사가 되며, 한 세대에 걸쳐 피해야 할 조미료로 악명을 떨칩니다.

지난 50여 년 동안 MSG에 대한 많은 연구논문이 발표됐습니다. 일부는 '중국음식점 증후군'이 실재하며, 이는 MSG 때문이라고 보고합니다. 한 임상 보고에서는 개인에 따라 다르지만 민감한 사람은 MSG를 일정량(2.5mg) 이상 섭취하면 증상을 보인다고 보고하고 있습니다. 더불어 국가, 인종차별적인 '중국음식점 증후군'을 'MSG 복합증후군'으로 바꿔서 불러야 한다는 의견도 나옵니다. 이 부분에 대한 지속적인 지적에 최근 메리엄-웹스터 사전에도 '중국음식점 증후군' 설명 밑에 note를 통해 'MSG 복합증후군' 용어 사용 안내를 하고 있습니다.

미국 식품의약처(FDA)는 MSG를 '일반적으로 안전하다고 인정되는' 식품 성분으로 분류했지만, 부작용에 대한 대중적 우려를 참작해서 MSG가 식품에 추가될 때 MSG를 라벨에 기재하도록 요구하고 있습니다. 그런데 MSG는 원래 자연에 존재하는 물질입니다. 대표적인 것이 '다시 국물'이라고 칭하는 다시마와 멸치 등을 우려낸 국물입니다. 이 국물에도 MSG가 함유되어 있는데, 이렇게 분자를 따로 분리해서 첨가한 것이 아니면 식품의 성분 목록에 MSG가 함유된 것을 공개

하지 않아도 됩니다.

§

MSG는 1908년 일본의 화학자인 이케다 키쿠나에 교수 연구팀에서 다시마로부터 분리하여 감칠맛(우마미, umami)을 내는 분자로 처음 보고하였습니다. 발견된 지 일 년 뒤인 1909년, 일본 식품회사인 아지노모토사가 조미료 제품으로 판매하기 시작했습니다. 감칠맛은 단맛, 쓴맛, 짠맛, 신맛과 더불어 다섯 가지 기본 맛에 포함되었으며, 정식 국제 명칭은 일본어에서 딴 우마미(umami)가 됐습니다.

MSG는 글루탐산(glutamic acid)이라는 필수 아미노산의 산성 작용기인 카복실산(carboxylic acid)이 양성자를 잃고, 소듐 이온과 이온결합을 한 화합물입니다. 글루탐산은 약산성 물질(pKa 2.1)로 물에서 미량 양성자를 잃은 음이온 형태로 존재하며, 소듐 이온을 만나면 이온결합을 통해서 MSG가 됩니다. 이온결합을 이루는 물질은 극성이 강해서 물 안에서는 물 분자와 상호작용을 해서 쉽게 분해됩니다. 즉, MSG가 입속에 들어오면 소듐 이온과 글루탐산 음이온으로 나뉘고, 각각의 수용체를 통해서 맛으로 느껴지게 됩니다.

글루탐산은 미각 세포의 감칠맛 수용체(taste-mGluR1/4, T1R1/T1R3)에 의해 감칠맛으로 느껴지게 됩니다. 이 필수 아미노산은 우유를 비롯한 많은 음식에 자연적으로 포함되어 있습니다. 최초로 이 맛을 느끼는 것은 모유를 통해서라고 합니다. 그래서 3대 영양소 중 필수적인 단백질 성분을 섭취할 때 소화와 보상 작용으로 발달한 듯하다는 의견이 있었습니다.

감칠맛을 느끼면 입안의 침을 비롯해 소화액의 분비를 촉진 시켜, 소화기관에서 단백질의 가수분해 작용을 증진하는 것은 사실입니다. 그런데 옥수수나, 토마토, 감 같이 글루탐산이 많은 음식은 사실 단백질 함유량이 많지 않습니다. 그리고 단백질만 잘 소화하게 되는 것도 아닙니다. 단백질은 별다른 맛이 있는 물질은 아니고, 글루탐산이 고기의 구성성분이지만 홀로 존재하지 않습니다. 고기를 발효하거나 불로 굽거나, 삶는 등 요리를 할 때 글루탐산이 분해되어 나오며, 이런 이유로 단백질 자체가 아니라 '먹기 좋은 단백질원'의 맛을 느끼는 방향으로 발달한 것이라는 의견도 있습니다.

정리하면, MSG는 원래 세상에 자연스럽게 존재하며 우리가 항상 먹으며 느끼던 감칠맛을 내는 물질입니다. 그리고 20세기 초에 이 물질을 발견한 것이 전부입니다. 즉, 세상에 없던 새로운 조미료를 인공적으로 만든 것이 아닙니다. 많은 연구가 MSG와 중국음식점 증후군의 상관성에 대한 확실한 증거를 찾지 못했습니다. 우리나라 식약청도 MSG가 평생 먹어도 안전한 식품첨가물로 판명됐다고 발표하고 제품에 '무 MSG' 또는 'MSG 무첨가'라는 표시가 소비자를 오인, 혼동케 할 우려가 있으므로 사용을 금하게 했습니다.

실제로 MSG의 반수치사량은 16,000mg/kg으로 독성이 없는 물질로 분류됩니다. 하지만 다양한 알레르기 반응이 사람 개개인에 따라 다르듯(중국음식점 증후군은 알레르기 반응과는 다르다고 정의합니다), MSG도 소수의 사람에게 일시적으로 반응할 수도 있습니다. MSG에 민감한 사람은 이 조미료가 함유된 식품을 피하는 것이 좋을 것입니다.

6.3 감칠맛은 복합적인 화학작용의 결과

MSG는 복합적인 화학작용으로 감칠맛을 내게 됩니다. 소듐 이온 없이 글루탐산만을 맛본다면, 산성 성질을 가진 분자의 특징인 신맛을 낼 것입니다. MSG의 감칠맛과 염화 소듐의 짠맛은 사람에 따라서 구별할 수도, 구별하지 못할 수도 있습니다. 2002년에 수행된 실험에서는 많은 사람이 MSG와 NaCl을 잘 구별했지만, 약 27%에 해당하는 사람은 일정 농도 이하에서는 두 분자의 맛을 구별하지 못했습니다. 감칠맛을 잘 느끼지 못하는 사람은 짠맛과 구별하지 못했으며, 이들은 MSG의 글루탐산 이온의 감칠맛보다 소듐 이온의 짠맛을 더 잘 감지하는 것으로 여겨집니다. 감칠맛이 짠맛을 강화할 수 있다는 보고도 있습니다. 여러모로 짠맛과 감칠맛의 인식이 어느 정도 연관됐다는 것을 나타냅니다.

최근, 염화 소듐(나트륨) 과량 섭취를 해결하기 위한 대체재로 MSG를 권유하기도 합니다. MSG 내 소듐 이온의 양은 100g당 12.28g이며 이는 NaCl (39.34g/100g)에 비해 1/3 수준입니다. 최근 보고에 따르면 음식에 첨가하는 소금을 일부 MSG로 대체했을 때 소듐 이온의 섭취량을 25~40% 감소시킬 수 있다고 합니다. 하지만 MSG가 소수의 사람에게는 복합증후군을 일으킬 수 있고, 지난 몇십 년 동안 대중에게 안 좋은 이미지로 각인된 점도 있어 일반 가정집에서 소금을 MSG로 대체할 수 있을지는 미지수입니다.

MSG의 감칠맛은 5'-리보뉴클레오타이드이소듐(disodium 5'-ribonucleotide, DRN)이라는 분자에 의해서 강화될 수 있습니다. 리보 뉴클레오타이드는 DNA나 RNA와 같은 유전 물질을 구성하기

때문에 MSG와 같이 이 분자도 우리가 먹는 많은 음식에 항상 존재한다고 봐야 합니다. 이 리보 뉴클레오타이드 자체는 감칠맛 수용체인 T1R1/T1R3를 활성화할 수 없지만, 글루탐산 이온과 함께 수용체에 결합하면 감칠맛 감각을 강화할 수 있습니다.

§

MSG가 유해하다는 오해로 많은 가공식품에서 더는 MSG를 첨가하지 않는다고 강조하는 것을 본 적이 있습니다. 이제는 식약청에 의해서 'MSG 무첨가'라는 표시를 제품 포장에 쓸 수 없지만, 인스턴트 라면 등의 원재료 내용을 보면 MSG가 표시된 것도 본 적이 없습니다. 도대체 라면에 MSG가 들어갔다는 것인지 아닌지 모르겠습니다. 하지만 잘 보면 '5'-리보뉴클레오티드이나트륨(5'-리보뉴클레오타이드이소듐)'이라는 첨가물이 함유됐다는 표시는 볼 수 있는데, MSG와 함께 작용하는 이 뉴클레오타이드가 첨가됐다는 것은 결국 MSG가 어떤 식으로든 제품에 포함이 됐다는 것을 의미하겠죠.

라면 수프에 MSG를 넣는 대신에 간장이나, 아미노산 분말, 다시마나 버섯 가루 등의 천연 조미료를 이용해 감칠맛을 냈다고 하는 것을 TV 예능 프로그램에서 본 기억이 나는데, 결국 그 천연 조미료라는 성분에 MSG가 포함됐다는 것입니다. 그렇다면, 굳이 왜 이런 눈 가리고 아웅을 하는 것일까요? 그 오해는 MSG 복합증후군 외에도 MSG가 합성조미료이기 때문에 몸에 안 좋다고 하는 인식도 있을 것입니다. 일단 MSG의 경우 시험관 안에서 합성하지 않고, 사탕수수에서 추출한 당분의 발효를 통해 생산합니다. 물론 분리하는 데는 화학 분리법이 적용됩니다.

자연에 존재하던 물질에서 불필요한 성분이나 불순물을 제거하고 분리해 낸 분자는 첨가량이나 안전성에서 더 나쁘다고 할 수 없습니다. 가장 대표적인 예가 약물 분자입니다. 해열진통제로 자주 쓰는 아세트아미노펜(acetaminophen, 대표 상품명 타이레놀)의 경우 약용 물질(pharmaceutical grade)이 순도 99% 물질보다 100배 더 비쌉니다. 즉, 우리가 타이레놀 한 알을 100배 싼값에 먹을 수도 있지만, 그렇게 하지 않습니다. 이 가격 차이는 의약 제품 품질관리(QC/QA) 때문에 나는 것이고, 약물 내 불순물을 거의 완전히 제거하여 불필요하거나 잘 모르는 물질이 체내에 유입되는 것을 막기 위함입니다. 혼재된 물질을 순수하게 분리하는 것은 화학의 기초이지만 여전히 까다로운 과정입니다. MSG도 마찬가지로 분리해 내는 것이 안 그러는 것보다 분리분석 비용이 더 듭니다. 그리고 MSG와 같은 특정 성분을 확실하게 분리해 내가 먹는 것의 정체와 양을 정확히 아는 것이 모르는 성분

수십 가지랑 같이 섞여 있어 무엇을 얼마나 먹는 것인지 잘 모르는 것보다 더 낫다고 생각합니다.

§

어렸을 적 MSG에 대한 경험 중 가장 기억에 남는 것은 맛소금입니다. 초등학교 때 친구를 따라갔던 떡볶이 포장마차에서 순대를 처음 맛봤습니다. 어떤 음식인지 몰라서 머뭇거리다가 깨와 소금, 그리고 MSG가 섞인 맛소금을 찍어 먹어봤을 때의 첫인상은 아직도 머릿속에 남아있습니다. 미국 생활을 마치고 포항에 처음 자리를 잡았을 때, 순대를 된장 기반 양념장에 찍어 먹는 것을 보고 색다름을 느꼈습니다. 지역에 따라서 순대 먹는 법도 조금 다르다고 느꼈는데, 가만히 생각해보면 맛소금이나 된장이나 간장이나, 맛에 관여하는 주요 성분은 유사합니다. 바로, 염화 소듐과 MSG입니다. 물론 MSG를 따로 소금과 섞느냐, 아니면 글루탐산이 많이 함유된 콩을 발효시킨 후 소금물에 담가서 MSG가 자연적으로 함유되게 하느냐의 차이는 있겠지만요. MSG를 소금 대체재로 하자는 의견에 대해서 우리나라는 이미 MSG와 소금을 섞어서 쓰고 있으므로, MSG에 대한 대중적 오해가 문제가 아니라, 이 두 조화를 나눠서 생각하는 것이 잘 받아들여 질지 모르겠습니다.

6.4 짠맛과 감칠맛의 조화, 장

제가 포항공과대학교에 재직하고 있을 때 외국인 학자들이 방문하면 조금 무리해서 가던 경주에 있는 음식점이 있습니다. 경주 종갓집 한정식집인데 유명한 경주 최부잣집에서 운영한다고 하던 곳입니다. 자주는 아니지만 한 번씩 갈 때마다 외국인들에게 종갓집을 설명하며, 음식 비법은 대대로 내려온 '장맛'이라고 설명해주었습니다. 우리 식탁에 오르는 수많은 음식을 양념할 때 가장 흔하게 쓰는 것이 장(醬)입니다. 그러므로 장맛은 음식 맛을 내는 데 중요할 수밖에 없습니다.

한 번은 아들이 떡볶이를 해달라고 해서 재료를 찾다가, 항상 사서 먹던 고추장이 다 떨어져 어머니가 시골에서 직접 담근 것이라며 가져다주신 고추장으로 해줬던 적이 있습니다. 아들이 떡 한 조각 먹고 맛없다고 안 먹더군요. 제가 먹어보니 맛이 없다기보다는 독특한 향이 있더군요. 매일 먹던 맛이 아니었던 것입니다. 이제는 상업화가 되어서 쉽게 구매할 수 있고 맛의 편차도 적어졌지만, 지역과 브랜드에 따라서 미묘하게 장맛에 차이가 있고, 사람들의 선호도도 다릅니다. 어쨌든 우리 음식 양념의 기반이 되는 조미료인 간장, 된장, 고추장은 모두 콩을 발효시켜 만든 메주를 기반으로 합니다.

　간장과 된장은 메주와 소금물의 합작으로, 메주를 소금물에 넣어 발효시켜 장을 담근 뒤 액체인 간장을 떠내고 남은 황색 건더기는 걸러내 소금으로 간을 해 된장을 만듭니다. 간장과 된장 모두 중국, 일본을 비롯한 아시아 문화권에 유사한 형태로 존재합니다. 그렇지만 우리와 같이 간장과 된장을 함께 담그지는 않더군요.

　중국과 일본은 간장을 담글 때 삶은 콩을 코지(koji)와 섞어 소금물에서 발효시킵니다. '5.7 막걸리와 청주, 그리고 약주'에서 소개했듯이 코지는 쌀이나 밀을 쪄서 누룩곰팡이를 키운 것입니다. 메주도 담그는 방식에 따라서 곡물을 섞기도 하니, 기본적으로 한·중·일 모두 삶은 콩을 발효시켜 장을 담그는 것은 같습니다. 하지만 우리나라와 달리 두 이웃 나라에서는 남은 건더기를 따로 장으로 만들지 않고 버립니다. 일본의 경우 우리나라 된장과 유사한 미소가 있는데, 역시 황국균을 접종해 만든 코지로 삶은 콩을 발효하여 만듭니다. 코지를 이용한 발효법은 습한 기후에 부패가 쉬운 지역에서 황국균을 집중적으로 접종하여 발효 중에 부패의 원인균이 자라는 것을 막기 위한 것이라고 합니다. 이런 이유로 우리와 달리 간장과 된장을 따로 담그는 문화로 발달됐습니다.

콩을 삶아 절구에 찧고 메주를 빚어

메주를 발효시키고

소금물에 담가 숙성, 발효시키고
국물은 다려서 간장으로,
건더기에는 소금을 넣어 숙성시켜 된장으로...

발효를 통해서 만드는 간장 외에도 염산을 이용해 콩 단백질을 가수분해하여 만드는 산분해 간장은 단 며칠 만에 생산할 수 있어 더 빠를 뿐만 아니라 더 저렴한 공정을 수반해서 상업적으로 계속 생산됩니다. 탈지 대두를 밀 글루텐 및 농축된 염산 용액과 혼합한 뒤 가열하여 콩의 단백질을 아미노산으로 가수분해합니다. 그 후 탄산 소듐(탄산 나트륨, Na_2CO_3)이나 수산화 소듐(수산화 나트륨, NaOH)으로 중화시킨 후, 침전 및 여과를 통해 불순물을 제거하여 만듭니다. 산분해 간장은 빠르고 간편한 대신에 제조 과정에서 발암성 화합물로 의심되는 3-모노클로로프로판디올(3-MCPD)이 형성되어 유해성 논란도 있습니다.

§

간장, 된장의 기본적인 맛은 짠맛입니다. 황국균이 다른 균과 달리 소금에도 잘 버티는 성질을 가져 발효과정 중 부패를 막기 위해서 과량의 염화 소듐(NaCl)을 넣기 때문입니다. 짠맛과 함께 간장을 특징짓는 맛은 감칠맛입니다. 콩단백질이 분해되어 글루탐산이 분해되어 있고 소듐 이온과 만나서 MSG를 형성하기 때문입니다. 그 외에 발효과정에서 나오는 아미노산과 유기물에 의해 단맛과 신맛, 쓴맛, 떫은 맛 등이 같이 나게 됩니다.

간장보다는 높은 아미노산과 유기산의 함량을 가지는 된장의 경우, 발효 정도에 따라 아미노산과 유기물이 얼마만큼 분해되어 있느냐가 독특한 맛에 큰 영향을 줍니다. 간장의 짙은 갈색과 된장의 붉은색은 발효로 인해 분해된 아미노산과 탄수화물이 '마이야르 반응(Maillard reaction)'을 일으켜 멜로노이딘 색소를 형성하기 때문입니다. 오래 발효될수록 더 많은 반응물이 형성되어 짙은 색상을 가지게 됩니다.

혀로 느끼는 맛 외에도 알코올, 산, 에스테르(ester), 알데하이드(aldehyde), 케톤(keton), 페놀(phenol), 푸란(furan), 피라진(pyrazin), 피론(pyrone) 및 황 함유 화합물을 포함한 다양한 휘발성 물질은 장의 향을 풍부하게 해줍니다. 이런 독특한 맛과 향이 짠맛, 감칠맛과 더불어 우리 식탁에서 장이라는 조미료의 대체 불가한 영역을 만들었다고 생각합니다. 김이 모락모락 나는 만두를 간장 대신에 맛소금을 찍어 먹기에는 뭔가 아쉽지 않을까요?

§

300가지가 넘는 화합물이 함유된 간장과 된장은 독특한 향의 원인인 폴리페놀의 항산화 효과와 필수지방산에 의한 항암효과로 건강에 좋다고 합니다. 하지만 간장의 경우 15mL(한 큰술)당 약 900mg

의 염화 소듐을 함유하고 있습니다. 간장 두 큰술 넣어 간을 맞추면 소듐 이온의 하루 권장량(2g)에 맞먹는 양을 섭취하는 것입니다. 또한, 메주나 코지의 발효과정 중에 곡물에서 자라는 특정 곰팡이(*aspergillus flavus, aspergillus parasiticus*)에 의해 생성되는 아플라톡신(Aflatoxin)이라는 독성물질이 포함될 수도 있습니다. 이 독성물질은 자연적으로 6개월 이내에 분해될 수 있으나, 때때로 기준치 이상이 간장이나 된장 등에 함유되어 문제가 생기기도 합니다.

된장의 경우 간장보다 소듐 함량이 적지만(약 1/3), 섬유질과 무기질은 더 풍부합니다. 서로 성질은 다르지만, 간을 맞추기 위해서 찍어 먹는 용도로 쓸 때 소듐 이온 섭취량 조절을 위해서는 소금보다는 간장, 간장보다는 된장이 좋습니다.

§

고추장은 독특한 한국만의 양념입니다. 찹쌀가루를 엿기름물에 풀어 소금, 고춧가루, 메줏가루, 조청 등을 섞어 약 한 달 정도 발효합니다. 맵고, 짜고, 달고, 감칠맛 나는 매우 자극적인 양념입니다. 중국이나 동남아에도 다양한 매운 소스가 있으나, 주로 매운맛과 신맛, 짠맛을 기반으로 합니다. 고추장과 매우 유사하다고 하는 중국 사천지방의 매운 두반장(고춧가루를 섞어 콩을 발효시킨 양념)은 제조법과 맛 자체가 완전히 다르므로 유사하다고 보기 어렵습니다.

고추장의 가장 큰 특징은 매운맛입니다. 일각에서는 고추가 임진왜란 때 국내에 들어왔다고 합니다. 그런데 막상 일본 음식을 보면, 고추를 기반으로 한 매운맛을 갖는 양념이나 음식을 찾기 어렵습니다. 하지만 코끝에 자극을 주는 고추냉이와 같은 매운맛의 양념은 잘 즐깁니다. 후추도 맵다고 하는데, 고추의 매운맛과 다릅니다. '조미료의 과학' 마지막 주제로 매운맛을 내는 조미료들과 그 성분에 대해서 알아보겠습니다.

6.5 매운맛의 조미료

얼마 전 TV에서 한국을 대표하는 축구선수가 '한국의 매운맛'이라며 라면을 광고하는 것을 봤습니다. 한국의 매운맛은 전 세계적으로 악명이 높습니다. 예전에는 이렇게까지는 아니었지만, 언제부터인가 매운 음식이 너무 매워지면서 이제 저는 먹기 힘든 지경까지 이르렀습니다. 한 번은 아내의 모교 앞에 놀러 갔다가 포장마차에서 닭고기 꼬치를 사 먹고 길거리에서 거의 한 시간 동안 매워서 고생한 경험도 있습니다. 아들이 궁금하다고 해서 사 먹은 매운 비빔면 때문에 눈물까지 흘려야 했습니다.

매운맛은 사실 맛이 아닙니다. 앞서 다룬 짠맛과 감칠맛, 그리고 우리가 잘 알고 있는 단맛, 쓴맛, 신맛과 다르게 맛을 감지하는 미뢰 세포의 선택적 수용체에서 감지하지 않습니다. 매운맛은 통증에 유사한 감각으로 주로 통각 신경의 가지에 발현하는 수용체에 작용하여 일어납니다. 매운맛이 통증에 기반을 둔다는 것은 학창 시절부터 여러 경유로 대부분 잘 알고 있습니다. 그런데 우리가 즐기는 고추(chilli pepper)의 매운맛과 고추냉이(와사비, wasabi), 겨자(mustard), 마늘, 후추 등의 매운맛 모두 어떻게 다른 것인지는 잘 알지 못합니다.

먼저 고추의 매운맛부터 알아보죠. 이제는 아예 분리 정제해서 판매하기도 해서 많은 사람이 알듯이 한국의 매운맛, 즉 고추의 매운맛은 캡사이신(capsaicin)이라는 분자에 의한 것입니다. 캡사이신 수용체로 확인된 TRPV1은 90년대에 처음 발견된 '온도 감수성' TRP 채널입니다. 단백질 변성이 일어날 수 있어 우리 몸에 문제를 일으킬 수 있는 온도인 43℃ 이상에서 통증을 느끼게 하는 역할을 합니다. 이 수용체는 입안뿐만 아니라 피부에도 존재하여 우리 몸이 뜨거운 열원으로부터 피하게 하도록 통증을 유발하는 기능을 합니다. 일정 온도 이상이 되면 TRPV1 수용체가 활성화되어 소듐(Na^+) 및 칼슘(Ca^{2+}) 이온을 세포로 전달하여 전위차가 생기게 합니다. 이 전위차로 아픔을 전달하는 신경세포(통각 수용 뉴런)가 신호를 줘 대뇌에서 통증을 느끼게 됩니다.

그런데, TRPV1 수용체는 바닐릴 작용기(vanillyl group)를 가진 분자에도 반응합니다. 대표적인 분자가 캡사이신입니다. 그래서 우리가 매운 음식을 먹으면 열감을 느끼거나 심지어 타는 느낌을 느끼기도 하고, 얼굴이 붉어지고 땀이 나기도 하는 것입니다. 즉, 캡사이신이 신경세포와 뇌를 속이는 것이지요. 흥미로운 것은 다른 동물과 달리 인간만이 이러한 고통(?)을 즐긴다는 것입니다. 캡사이신의 TRPV1 결합에 의한 신경 활성은 기분을 조절하고 신경세포의 재생에 영향을 준다고 합니다. 매운 음식을 먹었을 때 가벼운 현기증을 느끼는 것이 이러한 작용 때문인데, 스트레스 해소에 기여한다고 합니다.

이런 현상에는 신경전달물질인 엔도르핀(endorphin)과 도파민(dopamine)의 방출이 관여합니다. 통증을 느끼면 우리 몸은 엔도르핀을 방출시켜 통증 신호를 전달하는 신경을 차단하여 통증을 완화시킵니다. 그리고 보상을 상징하는 도파민도 방출하여 고통을 극복하게 하려고 합니다. 문제는 자주 그리고 많이 섭취할수록 캡사이신에 대한 민감도가 떨어지게 되는 것입니다. 그래서 계속 같은 수준의 매운맛을 느끼려면 더 많은 캡사이신을 섭취해야 합니다.

§

고추냉이와 겨자의 매운맛은 알릴아이소싸이오사이아네이트(allyl isothiocyanate, 이하 AITC로 표기)라는 분자에 의한 것입니다. 이들 분자는 고추냉이 뿌리나 겨자씨를 으깰 때 세포가 파괴되며 효소의 작용으로 생성됩니다. AITC는 캡사이신과 동일한 수용체 TRPV1을 활성화해주지만, 17°C 이하의 온도에서 활성화되는 저온 감수성 수용체인 TRPA1도 활성화합니다. 캡사이신이 작용하는 것과 약간 다르지만 비슷한 느낌을 줍니다.

홀스래디쉬 양념의 매운맛도 AITC에 의한 것입니다. 고추냉이의 경우 재배하기가 매우 까다롭다고 합니다. 그런 이유로 값비싼 고추냉이 소스를 대신해서 많은 경우에 고추냉이 '맛' 소스를 사용하는데, 홀스래디쉬, 겨자를 녹색 식용색소와 섞어 만든 것입니다. 고추냉이의 경우 겨자나 홀스래디쉬와 비교해서 더 많은 양의 AITC를 함유하고 있어 톡 쏘는 매운맛을 더 강하게 즐길 수 있습니다.

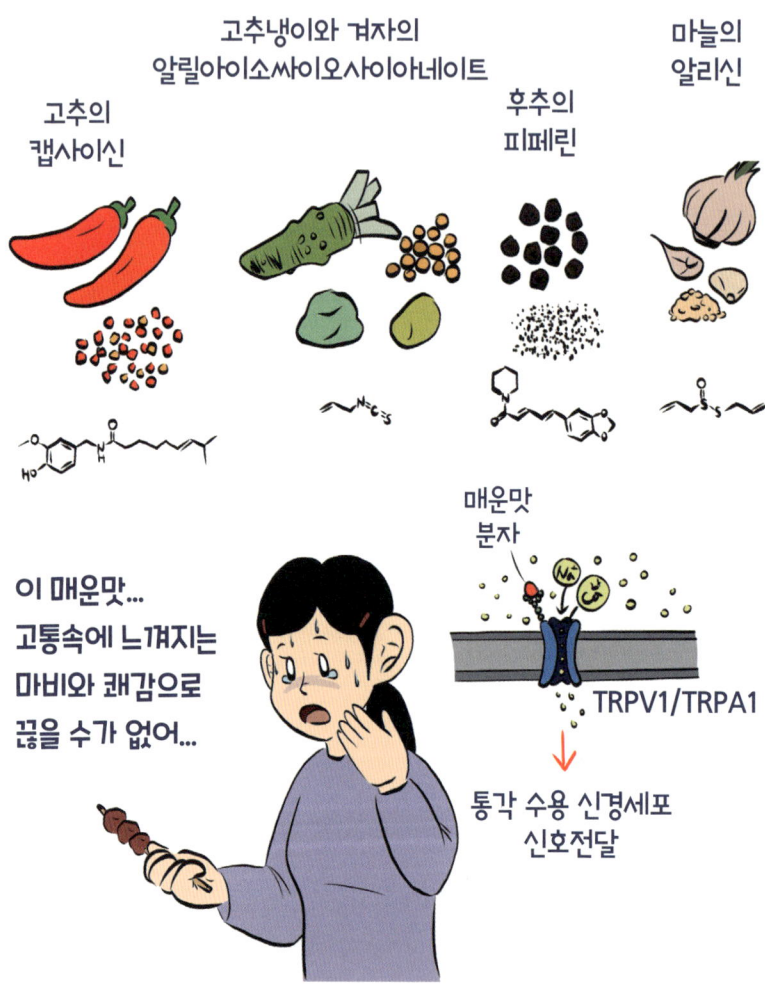

고추냉이, 겨자, 홀스래디쉬의 매운맛은 고추와 유사하게 온도 감수성 TRP 수용체를 통해서 느낄 수 있지만, 그 고통이 오래가지 않습니다. 캡사이신이 많이 든 매운 음식을 먹고 물을 들이켠다고 고통이 사그라지지 않지만, 고추냉이는 한 번 코끝에서 머리까지 '찡'한 느낌을 주고 바로 사라집니다. 이유는 캡사이신과 AITC의 물성이 다르기 때문입니다. 캡사이신은 물에 잘 녹지 않는 지용성인 분자로 휘발성이 높지 않습니다. 그래서 일단 입안에 들어가면 물을 마신다고 헹궈지지 않고 남아서 계속 고통을 유발합니다. 이 매운맛 고통을 제거하기 좋은 방법의 하나가 지용성 성질을 이용하여 유지방이 높은 우유나 치즈와 같은 고지방 음식과 함께 섭취하여 입속에서 제거하는 것입니다. AITC는 캡사이신보다 작은 분자로 물에 잘 녹지 않지만, 휘발성이 강합니다. 휘발성이 높다 보니 분자가 입안에서 잘 증발하게 됩니다. 이런 이유로 매운맛보다는 향으로 코끝에서 느끼기 쉽고, 섭취한 후 일정 시간이 지나면 느낌이 사라지게 됩니다. 고추냉이 소스를 외부에 오랜 시간 두면 AITC가 증발해서 매운맛이 줄어들게 됩니다. 밀봉한 용기에 잘 보관해야 그 특유의 맛을 유지할 수 있습니다.

§

후추는 유럽의 가혹한 식민지 시대를 상징하는 조미료입니다. 열

대지방에서 나는 후추를 유럽에서 구매하려면 매우 어려웠으므로, 열강이 식민지 지배를 통해 착취한 물자 중 하나로 알려져 있습니다. 콜럼버스가 후추 무역 항로 개척을 빌미로 나선 모험으로 아메리카 대륙을 발견했고, 후추 대신 고추를 유럽에 소개했다는 것도 유명한 일화입니다.

후추의 매운맛은 피페린(piperine)이라는 분자에 의한 것입니다. 피페린도 캡사이신과 유사하게 TRPV1 수용체를 활성화합니다. 활성화를 위해서는 캡사이신보다 많은 양이 필요하지만, 수용체 활성 능력은 더 높아 섭취 시 캡사이신만큼 강한 자극을 느낄 수 있습니다. 그래서 후춧가루를 고춧가루만큼 많이 섭취하면 역시 강한 자극을 받게 될 것입니다. 피페린도 지용성 물질로, 강한 자극을 헹궈내기 위해서는 물보다는 우유와 같은 지방질이 많은 음료가 효과적입니다.

마늘 역시 다양한 음식에 첨가되는 우리 식탁에서 빠질 수 없는 조미료입니다. 마늘을 으깨면 형성되는 알리신(allicin)과 디알릴 다이설파이드(diallyl disulfide, DADS)와 같은 유기 황 화합물 분자가 매운맛의 원인인데, 구조적으로는 AITC와 공통점이 있습니다. 그래서 알리신도 TRPA1을 활성화하고 매운맛을 느끼게 합니다.

알리신 화합물은 다양한 생물학적 작용으로 주목받는 분자입니다. 박테리아 증식을 억제하고 항암 작용이 있습니다. 고온에서 요리하게 되면 알리신이 분해되고 알리신 형성을 촉진하는 효소인 알리네이스(allinase)가 변성되어 매운맛이 많이 감쇄합니다. 알리신을 비롯한 황 화합물을 함유한 양파에서도 이와 비슷한 현상이 일어납니다. 이런 이유로 마늘의 항균, 항암효과가 고온에서 가열하면 저해된다는 연구도 있습니다. 하지만 그냥 먹기에는 캡사이신만큼 자극이 강합니다. 그런데 생각해보면 우리 음식에는 마늘이 가열되지 않고 첨가 되는 경우가 많습니다. 김치를 비롯한 각종 양념장까지요.

§

매운맛이라는 '통증에 가까운 감각'을 자극하는 분자가 함유된 조미료에 대해서 살펴봤습니다. 같은 듯 다른 작용을 하고, 자극을 일으키는 분자의 물성이 매운맛을 다양하게 해줍니다. 매운맛 중독 현상은 마치 롤러코스터나 번지점프와 같이 위험한 것을 경험할 때 느끼는 쾌감과 비슷하다고 합니다. 매운맛을 느끼도록 작용하는 온도 감수성 TRP 수용체와 엔도르핀, 도파민 등의 존재 이유는 우리 몸을 위험으로부터 보호하기 위해서이지 일부러 자극을 찾아 혹사하게 하기 위해서가 아닙니다. 적절한 자극은 삶에 활력이 될 수 있지만, 지속적인 자극은 자극에 연관된 기관과 분자의 기능을 저하하거나 마비되게 할 수 있습니다. 그로 인해 소화기관 염증 등 다양한 질병을 키울 수 있습니다. 조미료는 음식의 풍미를 높여 우리가 더 즐겁게 즐길 수 있게 해주지만, 건강한 식생활을 위해서 적절하게 섭취하는 것이 좋겠습니다.

7장

탄수화물 속 과학

7.1 빵과 밥, 탄수화물의 종류와 그 영향

탄수화물은 3대 영양소 중 하나입니다. 일반적으로 인류 문명은 농업을 통한 정착에서 시작했다고 합니다. 농업을 통해 안정적으로 섭취할 수 있게 된 영양소는 쌀과 밀 같은 곡물과 과일에 풍부하게 함유된 탄수화물입니다. 탄수화물은 당류를 총칭하는 말로, 하나의 분자로 이루어진 단당류부터 단당류들이 사슬처럼 이어진 고분자까지 모두 포함합니다. 크기에 따라서 당분, 녹말, 그리고 섬유질로 구분하기도 합니다. 당분과 녹말은 몸속에서 소화 과정을 통해서 분해되고 변형되어 단당류인 포도당 상태로 몸에서 활용됩니다. 섬유질의 경우 장 내 미생물에 의해서 일부 분해될 수는 있지만, 우리 몸에서 완전히 소화하지 못합니다. 하지만 섬유질은 배변 활동, 혈당 상승 억제, 혈액 내 중성 지질 저하 등의 작용에 도움을 주며, 포만감을 줘 다이어트에 도움이 됩니다.

이미 '4장 음료 속 과학'에서 설탕을 비롯한 '당분'에 대해서 다뤘습니다. 이당류로 이뤄진 설탕을 섭취하면 체내에서 단당류인 포도당과 과당으로 분해됩니다. 포도당은 에너지원으로 바로 사용되고, 과당은 포도당으로 전환되어 사용되거나 지방을 합성하는 데 사용됩니다. 이러한 작용은 이당류인 설탕에만 국한되는 것은 아니고, 녹말에도 공통으로 적용됩니다. 녹말도 당분과 같이 우리 몸에서 단당류로 분해돼 에너지원으로 쓰이게 됩니다. 그래서 섭취한 순간 입안에서부터 분해되기 시작합니다. 분해된 산물인 작은 당분은 미각 세포에서 '단맛'으로 반응하고 뇌에서 도파민을 분비하여 섭취에 대한 즉각적인 보상이 이뤄지게 합니다.

우리 몸이 당분에 이렇게 반응하게 된 이유는 필수 성분이기도 하지만, 원시시대에는 직접 구해서 섭취하기 어려운 성분이었기 때문이기도 합니다. 그래서 당분을 과량으로 섭취하면 우리 몸이 처리하는 데 어려움을 겪고, 아프게 되는 것입니다. 설탕을 비롯한 당분의 과도한 섭취는 비만, 제2형 당뇨병, 간부전, 신장 질환, 고혈압 등 다양한 만성질환의 원인으로 알려져 있습니다.

설탕이나 과당과 같은 작은 탄수화물 외에 다른 탄수화물의 섭취는 어떤 영향을 줄까요? 여러 문헌을 보면, 섭취하는 탄수화물 원의 종류에 따른 영향은 아직 명확하게 정리가 된 것은 아닌 듯합니다. 많은 매체에서 날씬하고 건강한 몸을 유지하려면 밀가루, 쌀가루와 같이 정제 가공한 곡물 섭취를 제한하라고 합니다. 정제한 곡물은 섬유질을 제거하여 주로 녹말로 구성되어 있습니다. 한 유명 연예인이 체중 관리를 위해서 정제한 곡물의 대표인 밀가루 음식을 십여 년간 섭취하지 않았다고 하는 내용을 TV에서 본 적도 있습니다. 2020년에 The Lancet이라는 저명 의학 저널에 보고된 연구에 따르면, 통곡물과 섬유질을 더 많이 섭취하는 것이 비만, 심장병, 당뇨병, 암을 예방하고 조기 사망위험을 줄이는 데 효과적인 전략이라고 합니다. 즉, 흰 빵이나 국수, 흰쌀밥보다는 통밀빵과 잡곡밥이나 현미밥이 좋다는 것입니다. 하지만 다른 영양학 저널에 보고된 연구 결과에서는 통곡물의 섭취가 정제된 곡물의 섭취에 비교하여 전체적으로 체중과 체지방 감량에 더 도움이 되는 것은 아니라고 합니다.

여러 논란이 아직 있지만, 많은 연구에서 공통으로 섬유질과 무기질 함량이 많은 통곡물을 먹는 것이 정제 곡물을 먹는 것보다 건강상 장점이 있다고 합니다. 일례로 정제된 곡물을 섭취하는 것보다 통곡물을 섭취하면 혈당 조절에 이롭다는 연구 결과도 있습니다. 그렇지만 제2형 당뇨병을 예방하는 데 도움이 되지 않는다는 보고도 있습니다. 결국, 정제 곡물보다 통곡물이 건강에 좋다고 하지만 통곡물도 섭취량이 과하면 다이어트나 성인병 예방 등에서 효과를 기대하기 어렵다는 의미로 받아들일 수 있습니다. 앞서 '4.4 유제품 음료는 건강에 좋을까, 나쁠까?' 편에서 이야기했듯이, 가공우유의 저지방 표시가 사람들에게

 VS

정제 곡물 음식

흰빵
섬유질 2.7g/100g
혈당지수 77/50g

통곡물 음식

통곡물 빵
섬유질 7g/100g
혈당지수 74/50g

정제 곡물보다 통곡물이
섬유질도 많고 건강에
좋지만…

혈당지수 조절이나
체중감량을 위해서는
탄수화물을 적정량 이상
섭취 안 하도록 해야…

지방 섭취량이 적다는 안심을 주어 당분 등을 더 많이 섭취하게 하는 것과 비슷한 것이 아닐까 합니다. 잡곡이나 통곡물이 건강에 좋다는 생각으로 오히려 더 많은 탄수화물을 섭취하게 할 수도 있을 것입니다.

탄수화물을 함유한 음식의 체내 영향을 확인할 수 있는 지표 중 하나가 혈당지수(glycemic index, GI)입니다. 혈당지수는 혈당 수치를 높일 수 있는 잠재력을 수치화한 것으로 체중감량을 위해서 혈당지수가 낮은 식단을 권유합니다. 흰 빵 50g의 혈당지수가 최대 77인 것과 비교할 때, 통곡물빵은 74, 시리얼은 81인 것을 보면 통곡물 음식이라고 혈당지수가 그렇게 낮지 않다는 것입니다. 대조적으로 양배추와 시금치는 각각 15와 6의 혈당지수를 가지고 있으며 육류, 생선, 치즈 등은 혈당지수가 0입니다.

§

탄수화물 섭취량이 하루 섭취 열량의 50~60%였을 때 사망률이 가장 낮다는 결과가 최근 보고됐습니다. 하지만 한국인의 평균 탄수화물 섭취량은 하루 섭취 열량의 67%로 다소 높은 편입니다. 따라서 하루에 2,000kcal를 섭취한다면 탄수화물 섭취량은 하루에 250g에서 300g으로 제한하는 것이 좋을 것입니다. 탄수화물은 필수 영양소입니다. 그러므로 섭취량이 부족하면 다른 부작용이 있습니다. 탄수화물을 하루 섭취 열량의 50%보다 적게 먹으면 사망위험이 1.313배 증가한다는데, 이는 60%보다 많이 섭취할 때 1.322배 증가하는 것과 맞먹는 위험입니다. 탄수화물을 현명하게 선택하는 것은 중요할 것입니다. 당분이 함유된 음식과 음료의 하루 섭취량을 제한하고, 정제 곡물보다는 통곡물 음식이 더 좋을 것입니다. 그렇지만 하루 탄수화물 섭취량을 조절하는 것이 더 중요할 것이고, 채소를 통해서 섬유질을 보충하는 것이 좋습니다.

7.2 쫄깃하고 부드러운 국수와 빵, 글루텐과 효모의 합작

뭐 먹을까? 하루에 한두 번 이상 하는 말 중 하나입니다. 우리는 쌀을 익힌 밥으로 탄수화물을 섭취하고, 다양한 양념으로 조리한 반찬으로 다른 영양소를 섭취하는 것을 식사의 기반으로 합니다. 우리의 식사에서 메뉴 선택은 크게 두 가지 방법이 있습니다. 제일 흔한 것이 반찬의 선택이겠지요. 하지만 뭔가 색다른 식사를 하고 싶을 때, 밥을 다른 탄수화물 원으로 교체할 수 있습니다. 그중 가장 인기 있는 것이 빵과 국수겠지요. 식사 문화권이 어디냐에 따라서 이러한 선택은 얼마든지 다를 수 있습니다.

국수와 빵 모두 밀알을 분쇄한 밀가루를 반죽해서 만듭니다. 알갱이가 비교적 단단한 쌀은 껍질을 깎아 벗기는 것(도정)이 가능하여, 알갱이를 익혀서 밥으로 먹을 수 있습니다. 하지만 밀알은 경도가 약해서 껍질을 벗겨내기 힘듭니다. 그래서 도정 대신 제분기로 분쇄하고, 껍질인 밀기울을 걸러낸 밀가루를 요리해 먹습니다.

그 요리의 가장 대표적인 것이 국수와 빵입니다. 가루를 물에 적셔 반죽을 만들면 원하는 모양으로 형태를 잡을 수 있습니다. 수분이 충분하기에 수용성 물질인 당분을 첨가하여 탄수화물 성분을 강화할 수 있습니다. 또한, 달걀이나 우유, 식물성 기름을 섞어 단백질이나 지방이 반죽 내에서 에멀션(emulsion)을 형성하여 독특한 식감을 가지게 할 수도 있습니다. 이렇게 친수성, 소수성 성질을 동시에 가진 반죽에 양념이나 방향성 물질을 넣어 다양한 향을 첨가할 수도 있게 됩니다. 이런 이유로 우리가 고를 수 있는 빵과 국수의 종류가 다양한 것입니다.

독특한 성질을 가진 밀을 기반으로 한 반죽의 비밀은 바로 글루텐(gluten)이라는 단백질 복합체입니다. 글루텐은 글루테닌(glutenin)과 글리아딘(glidadin)이라는 두 가지 단백질로 이루어져 있습니다. 글루테닌은 물에 녹는 단백질로, 긴 체인 형태를 가집니다. 다이설파이드 결합(disulfide bond)이라는 시스테인(cystein) 아미노산의 작용기 간의 결합으로 여러 체인이 엮어서 펼쳐져 있는 그물 형태로 존재합니다. 글리아딘은 소수성 성질이 강한 단백질로 조밀하게 말려있으며, 단백질 내에 다이설파이드 결합으로 더욱 단단하게 접힌 구조를 가집니다.

물로 인해 밀가루가 반죽이 되면 물을 싫어하는 작고 단단한 글리아딘이 글루테닌 그물 사이로 들어가서 글루텐을 형성합니다. 글리아딘과 글루테닌은 수소결합과 상호 간 다이설파이드 결합을 형성할 수 있어 안정적인 복합체를 형성합니다. 그물과 같은 글루테닌은 탄력성을, 소수성인 글리아딘은 점성을 가져 이 둘의 복합체인 글루텐은 밀가루 반죽이 탄력 있고 끈적이는 성질을 가지게 합니다. 반죽을 수십 번 늘리고 접어서 물리적 에너지를 주면, 글루테닌과 글루아딘이 복합체를 형성하기 위한 에너지를 충분히 받아 더 많은 글루텐이 형성됩니다. 그 결과로 밀가루 반죽은 더욱 쫄깃하게 됩니다. 또한, 글루텐은 반죽을 굽거나 말려도 형태를 유지하여 반죽 모양이 요리 후에도 유지되게 해줘 빵이나 과자, 국수의 모양을 유지되게 도와줍니다.

쫄깃한 식감만 있으면 국수나 빵이 질기게 됩니다. 쫄깃한 식감과 함께 부드러움이 공존할 때 우리가 폭신하고 맛있다고 하는 빵이나 국수가 완성됩니다. 이 부드러움을 부여하는 것이 효모입니다. 반죽에 사용하는 효모는 맥주나 포도주 발효에 많이 사용하는 에일 효모

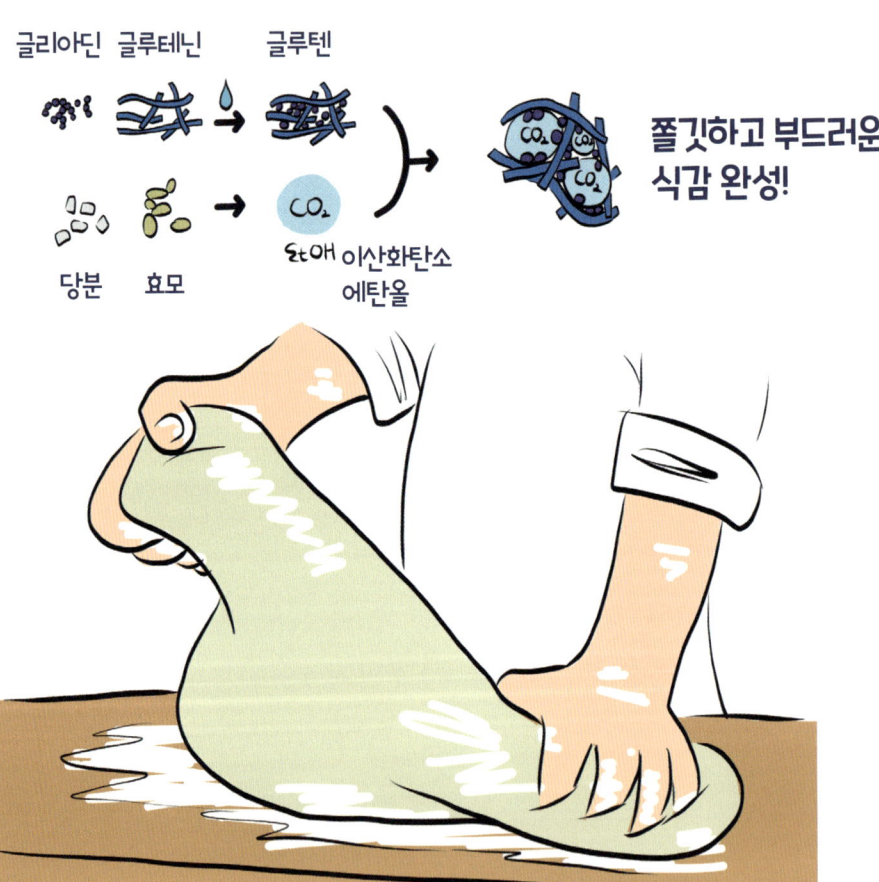

(*saccharomyces cerevisiae*, 사카로마이세스 세레비시아)종과 같습니다. 효모는 반죽 내 당분이나 첨가된 설탕을 발효하여 이산화탄소와 에탄올을 발생시켜 반죽을 부풀게 합니다. 흥미로운 점은 생성된 이산화탄소가 글루텐의 그물 구조에 잡혀 반죽 속에 남는다는 것입니다. 국수의 건조과정이나 빵을 굽는 과정에서 에탄올과 많은 양의 물이 증발하고, 온도가 올라가 이산화탄소의 부피가 팽창해 반죽이 부풀게 됩니다. 그 결과로 쫄깃하면서도 부드럽고 폭신한 식감이 공존하는 국수나 빵이 됩니다.

효모의 발효과정에서 생성되는 다양한 화합물은 반죽에 독특한 향을 첨가해주기도 합니다. 발효과정의 부산물에 의한 향이 싫거나, 발효과정이 번거로울 경우 베이킹파우더로 이 과정을 대체할 수 있습니다. 베이킹파우더는 탄산수소 소듐(탄산수소 나트륨, 베이킹 소다, $NaHCO_3$)과 타타르산(tartaric acid)이 혼합된 가루입니다. 물에 젖으면 중화 반응이 일어나며 탄산수소염이 분해돼 이산화탄소가 발생하여 효모의 발효와 유사한 작용을 하게 합니다.

§

발효기술과 글루텐의 작용은 우리 식단에서 밀을 '곡물 자체가 훌

류한 요리인 쌀'과 어깨를 견주는 위치에 오르게 했습니다. 하지만 최근 글루텐이 기피 대상이 되고 있습니다. 밀가루 음식 소화에 문제가 있는 사람이 있는데, 많은 경우 글루텐에 민감성을 보여서 그런 것입니다. 지역에 따라서 인구의 0.5~6%가 글루텐 민감증을 앓는다고 합니다. 이런 글루텐 민감증 중 가장 심한 경우가 셀리악병(celiac disease)입니다.

셀리악병은 유전질환으로 여겨지고 있습니다. 일종의 글루텐에 대한 알레르기 반응으로, 특정 물질에 대한 과도한 면역 작용으로 인한 자가면역 질환의 일종입니다. 앞서 '2.2 음식물을 분해하고 흡수하는 소화기관'에서 설명했듯이, 단백질은 소화기관에서 아미노산이나 짧은 펩타이드로 분해돼 흡수됩니다. 글루테닌은 넓은 구조를 가져 단백질 소화효소가 접근하기 쉬워 분해가 잘 일어납니다. 하지만 소수성의 조밀한 구조의 글리아딘은 효소가 아미노산이나 작은 펩타이드로 분해하기 어렵습니다. 그 결과 상대적으로 큰 올리고 펩타이드로 분해되고, 일부 사람들은 소장에서 이 올리고 펩타이드를 외부에서 침략한 불순물로 여겨 면역체계가 활성화되는 증상을 겪습니다. 면역 반응으로 인해 소장 내 염증이 발생하게 되고, 반복되는 글루텐 섭취로 장 내 염증이 지속되면 융모가 손상됩니다. 소장의 융모는 영양분을 흡수하는 데 중요한 역할을 하므로, 융모의 손상은 영양분 흡수에 영향을 줘 영양실조를 유발할 수 있습니다.

셀리악병과 같이 글루텐에 민감한 사람은 글루텐이 함유된 음식을 피해야 합니다. 다만, 인구의 1% 정도가 셀리악병을 앓고 있는 미국이나 유럽과 달리, 한국에서는 2013년에 첫 발병이 보고된 이후로 간간이 케이스가 보고될 정도로 발생빈도가 매우 드뭅니다. 최근 발표된 기고에서 글루텐 민감증이라고 불리는 증상이 글루텐에 의한 것이 아닐 수 있다는 의견도 있지만, 글루텐 외에 이러한 증상의 원인이라고 여겨지는 다른 증거가 나오고 있지는 않습니다.

7.3 튀김의 미학

만 열아홉 살 이후로 서른두 살이 되도록 크게 체형의 변화가 없었습니다. 몸무게도 큰 변화가 없었고, 몇몇 수치가 높기는 했지만 나름 건강한(?) 몸이었다고 자부했습니다. 하지만 오랜 외국 생활을 마치고 한국에 다시 돌아왔던 서른세 살 때 불과 육 개월 만에 5kg의 지방을 몸속에 저장하게 됩니다. 바쁜 일정으로 규칙적으로 운동을 하지 못해서 그랬다는 핑계를 댔지만, 정확한 이유는 일주일에 두어 번 꼭 시켜 먹던 치킨이 원인인 것을 알고 있었습니다. 바삭한 튀김옷 속에는 짭짤하고 매콤한 조미료의 맛이 조화를 이루고, 뒤이어 느껴지는 기름기와 촉촉하게 육즙이 잡혀있는 부드러운 고기의 맛은 주말 저녁에 그 유혹을 떨쳐내기에 너무나 매혹적입니다. 3대 영양소인 탄수화물, 지방, 단백질이 지나칠 정도로 풍부하게 있고, 염화 소듐과 캡사이신 등 다양한 조미료가 첨가되어 먹는 순간부터 엔도르핀, 도파민 등 모든 신경계 보상이 이루어질 수밖에 없게 합니다. 튀기지 않고 굽거나 쪄서 요리한 닭고기가 한때 유행했던 적도 있지만, 감히 수십 년간 왕좌를 지켜내는 후라이드 치킨과는 비교가 되지 않을 것입니다.

튀긴다는 것은 뜨거운 기름에 조리한다는 것입니다. 다양한 튀김 요리가 있고, 주성분이 무엇이냐에 따라서 요리 이름이 달라집니다. 닭고기, 소고기, 돼지고기, 새우, 오징어부터 고추나 양파 등 매우 다양한 재료가 튀김 요리의 대상이 될 수 있습니다. 하지만 튀겨지는 주체는 언제나 같습니다. 밀가루 반죽으로 만든 튀김옷입니다. 소금을 비롯한 다양한 조미료로 간을 한 밀가루 반죽으로 튀길 대상을 감싸 뜨거운 기름에 넣어 조리합니다. 기본적으로 기름에 볶거나 부치는 등의 뜨거운 기름으로 밀가루 반죽을 익히는 요리는 같은 작용 메커니즘을 가집니다.

뜨거운 기름이 튀김옷에 닿으면 수분이 먼저 증발합니다. 보통 150℃의 온도에서 튀김 반죽이 기름 위에 뜨기 시작하는데, 이는 기름보다 밀도가 높은 물이 증발하면서 튀김옷의 밀도가 기름보다 낮아지면서 생기는 현상입니다. 기름 온도가 170~180℃ 정도일 때 튀김 요리에 가장 적합하다고 합니다. 이 온도에서 튀김옷의 수분이 빠르게 증발하며 부풀어 오르고, 아미노산과 탄수화물이 반응하여 노릇한 색깔을 내며 튀김 특유의 풍미가 있게 하는 마이야르 반응(Maillard reaction)이 잘 일어나기 때문입니다.

뜨거운 기름이 물이 증발한 밀가루 반죽의 틈새로 스며들어 열을 전달하여 튀김옷 안의 음식을 익힙니다. 튀김옷의 수분이 증발하면 마른 표면에 유막을 형성하여 튀김 속 재료에서 수분이 새어 나오는 것과 기름이 음식에 직접 흡수되는 것을 막아줍니다. 기름 온도가 낮으면 튀김 표면의 수분 증발이 빠르게 이뤄지지 않아, 튀김옷 속의 수분을 효과적으로 잡아주지 못해 눅눅한 식감을 갖게 합니다. 기름 온도가 200℃에 이르게 되면 탈수가 빠르게 일어나면서 음식이 익기 전에 표면이 타게 됩니다.

튀김옷의 바삭한 식감을 효과적으로 내는 데는 반죽 내 미세한 공간의 형성이 중요합니다. 반죽을 발효할 때 형성된 CO_2는 뜨거운 튀김기름에 의해 급팽창하며 튀김옷에 미세한 공간을 형성합니다. 이때 형성한 틈새 사이로 기름이 스며들면 수분이 더 효과적으로 증발됩니다. 글루텐에 의해 튀김옷의 형태는 튀긴 후에도 전체적으로 유지가 되지만, 튀김옷 속의 공간과 낮은 수분 함량 때문에 쉽게 바스러지는 '바삭한 튀김옷'을 형성합니다. 그래서 더욱 바삭한 튀김을 만들기 위해서 튀김옷 반죽을 탄산수로 만들거나, 증발이 쉬운 에탄올을 함께 섞기도 합니다. 잘 튀겨진 튀김옷을 확대해서 보면 껍질 내 미세한 공간이 많은 다공성 구조를 보입니다.

밀가루 반죽만을 튀기면 수분이 증발하여 밀봉된 포장에서 상하지 않고 오랜 시간 보관이 가능하고, 뜨거운 물에 넣으면 다시 수분이 흡수되어 쫄깃한 탄성을 빠르게 회복합니다. 이러한 특성을 활용하여 개발된 음식이 국수를 튀겨 만든 인스턴트 라면입니다. 대만계 일본인인 안도 모모후쿠가 1958년에 개발하여 닭고기 육수를 건조한 수프와 함께 상업적으로 판매하기 시작했습니다. 국내에서는 1963년 처음 출시된 이후, 매운 국물을 기반으로 60년간 한국인에게 가장 사랑받는 별식 겸 간식의 자리를 차지하고 있습니다.

90년대 이후에 기름에 튀기는 대신에 뜨거운 바람으로 국수를 말린 라면이 개발되어 판매되고 있습니다. 튀긴 라면의 경우 수분 함량이 3~6% 정도에 지나지 않고 활발한 수분 증발로 면 안에 미세한 빈 곳이 많지만, 말린 라면의 경우 수분 함량이 약 10%로 더 높고 수분

잘 튀겨진 다공성 튀김옷의 바삭함 뒤로
육즙이 꽉~ 잡힌 고기의 풍미란...

진정한 "겉바속촉" 이구나!

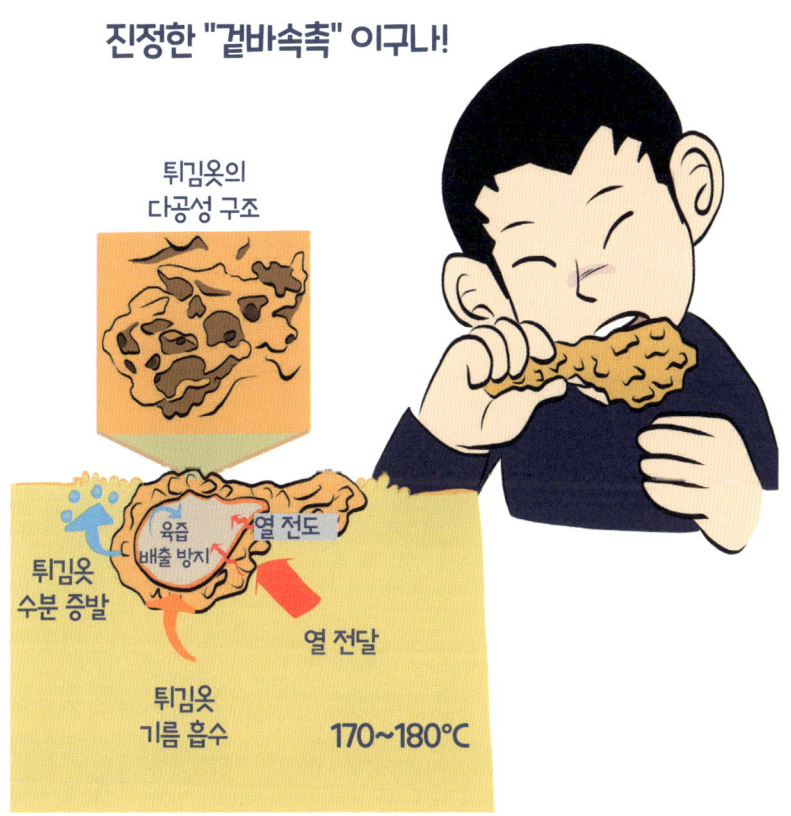

증발에 의한 빈 곳이 덜 촘촘합니다. 이런 이유로 말린 면은 튀긴 면보다 익히는 데 시간이 더 들고, 식감도 더 질긴 감이 있습니다.

§

쌀을 기반으로 한 재료를 뜨거운 기름에 조리하면 밀가루 반죽의 튀김과 다른 독특한 식감을 가지게 됩니다. 매우 얇은 표면의 바삭한 코팅과 쫄깃한 쌀 자체의 식감을 느낄 수 있습니다. 쌀가루를 물에 개어서 반죽하여 만든 떡 같은 경우, 밀가루 반죽과 달리 녹말이 엉겨서 형성됩니다. 그래서 반죽을 만들 때 밀가루와 달리 뜨거운 물로 만듭니다. 밥이나 떡을 기름에 볶거나 튀기면 표면에서 마이야르 반응이 일어나고 수분이 증발하게 됩니다. 다만, 밀가루 반죽과 달리 반죽 내 미세한 공간이 적어 기름이 안으로 스며들기 어렵습니다. 이런 이유로 매우 얇은 튀김 층을 형성하고 밥알이나 떡 고유의 쫀쫀함은 안쪽으로 두껍게 유지됩니다. 밀가루 튀김과 같이 한입 가득 바삭한 식감을 가질 수는 없지만, 표면의 얇고 바삭한 코팅을 깨고 느껴지는 두툼한 쫄깃함이 또 다른 별미로 느껴집니다. 또한, 물을 기반으로 한 양념을 겉에 발라도 튀김과 달리 수분이 잘 스며들지 않아서 바삭한 표면을 깬 뒤에 입안에서 양념이 속 안의 성분과 섞이는 작용을 느낄 수도 있습니다. 중국음식점에서 짜장 소스와 함께 나오는 볶음밥이나 기름에 튀긴

떡에 고추장 양념을 발라 먹는 떡꼬치를 예로 들 수 있습니다.

§

쌀과 밀로 대표되는 탄수화물 섭취원 곡물의 화학적 구성 차이는 단백질이나 지방, 물 등의 다른 영양소와 다양하게 작용하게 해, 우리가 꼭 필요로 하는 영양소를 다채로운 풍미의 다양한 음식으로 요리하여 즐겁게 섭취할 수 있게 해줬습니다. 튀김에 사용하는 기름도 다양하며, 어떤 종류의 기름을 사용했느냐에 따라서 식감과 풍미가 다르다고 합니다. 이 부분은 '9장 지방 속 과학'에서 다루겠습니다.

8장

단백질 속 과학

8.1 고기, 고기, 고기!

코로나-19사태로 최근 일상에서 회식이라는 문화가 없어졌지만, 그전에는 일주일에 한 번 정도는 밖에서 사람들과 어울려 식사를 하고는 했습니다. 보통 회식 메뉴는 참여하는 사람들이 두루두루 좋아하는 것으로 정하는데, 제일 인기 많은 메뉴는 '고기'죠. 어떤 고기를 먹을 것이냐는 회식 예산과 시기에 따라 다르지만, 많은 사람이 요리에 포함된 고기가 아니라 고기 자체를 먹는 것을 좋아합니다.

고기는 매우 중요한 단백질 섭취원입니다. 앞에서 물을 이야기할 때(3장 생명의 근원인 물), 우리 몸을 구성하는 세포는 물로 덮여 있는 단백질과 지질, 탄수화물이 서로 작용하며 사는 도시와 같다고 했습니다. 여기서 단백질의 역할은 세포라는 도시를 살아가는 사람과 같다고 할 수 있을 것입니다. 즉, 세포를 구성하는 제일 중요한 물질이죠. 단백질은 세포 안팎에서 수송, 촉매, 신호전달 등 고유의 기능을 가지고 생명 현상을 유지하게 해줍니다. 더불어 근육 섬유, 힘줄, 결합 조직을 이뤄 몸의 구조를 형성합니다. 이러한 단백질은 아미노산이 기본 단위로 이루어져 있습니다. 아미노산은 우리 체내에서 합성하기도 하지만, 주로 단백질 성분을 섭취해 소화해서 얻습니다.

고기는 동물의 근육 조직에서 얻습니다. 동물 근육은 약 75%의 물과 20%의 단백질, 그리고 5%의 지방 및 탄수화물로 이루어져 있습니다. 그중 단백질 성분은 주로 액틴과 미오신이라는 단백질 필라멘트가 배열된 근섬유 다발입니다. 이 섬유가 수축하고 풀리면서 근육은 운동하게 됩니다. 이 과정에서 에너지가 필요한데, 포도당이 산소와 연소반응을 일으켜 이산화탄소와 물을 형성하고 에너지를 내놓습니다. 이 에너지는 ATP라는 분자를 합성하는 데 사용되며, ATP는 근육 세포 내에서 에너지를 제공합니다. 연소반응을 위한 산소는 피를 통해서 공급받습니다.

동물이 죽으면 혈액 순환이 멈추고, 도축 과정에서 혈액을 사체에서 제거합니다. 그래서 근육 세포가 더는 산소를 공급받지 못하게 됩니다. 산소가 부족해지면 근육 세포는 조직 내 글리코겐이라는 포도당을 기반으로 한 고분자를 분해하여 ATP를 생성합니다. 이때 부산물로 젖산이 나오게 됩니다. 격렬한 운동으로 산소가 근육에 충분히 전달되지 않을 때도 같은 작용으로 운동에 쓰일 에너지를 근육에 제공합니다. 그리고 근육 조직에 젖산이 쌓여서 통증을 유발하는데, 이를 '알이 배겼다'라고 표현하는 것입니다. 죽은 동물의 근육에도 젖산이 쌓이게 되어 pH가 낮아지고 칼슘 이온이 분비되며 액틴과 미오신이 엉겨서 액토미오신(actomyosin)을 형성합니다. 이때 근육이 수축, 경직됩니다. 경직된 근육은 질겨서 먹기 힘듭니다. 하지만 이를 숙성시키면 단백질 분해 효소가 경직된 근육을 끊고, 비로소 우리가 즐겨 먹는 고기가 되는 것입니다. 또한, 젖산에 의한 산성 조건은 숙성과정 중 고기 특유의 향미를 형성하게 합니다.

고기를 불로 익히면, 복합적인 현상이 일어납니다. 단백질이 열에 의해서 끊어지고 구조가 바뀌면서 서로 엉겨 붙어 응고됩니다. 그리고 근육 내 단백질 사이에 있던 수분이 밖으로 배출됩니다. 결과적으로 생고기보다는 씹기 쉽고, 줄어든 수분으로 쫄깃한 식감을 가지게 됩니다. 근육 내 탄수화물 성분은 열에 의해 당분으로 분해됩니다. 그리고 이 당분은 아미노산과 마이야르 반응(Maillard reaction)을 일으켜 고기를 먹음직스러운 갈색으로 변화시킵니다. 마이야르 반응이 즉각적으로 일어나기 위해서는 150℃ 이상의 높은 온도가 필요합니다. 그래서 100℃의 물로 삶은 고기는 갈변현상이 없습니다.

스테이크를 구울 때 겉을 바싹 익혀서 고기 안의 육즙을 잡아둔다는 표현을 쓰는데, 사실 이런 일은 일어나지 않습니다. 고기 표면의 수분이 높은 온도에서 증발하고 갈변하지만, 물이 통과하지 못할 정도로 장벽을 형성하지는 않습니다. 하지만 두꺼운 고기 안쪽의 수분이 충분히 증발하지 못하면 겉은 바삭하고 속은 촉촉한 식감을 가지게 할 수는 있습니다. 열을 가한 고기에서는 탄화수소, 알코올, 알데하이드, 케톤, 카복실산, 에스터, 락톤, 푸란, 피란, 피롤, 피라진, 피리딘, 페놀 등 다양한 휘발성 화합물이 생성됩니다. 쇠고기의 경우 조리할 때 약 1,000여 종의 화합물이 생성된다고 합니다. 고기를 구울 때 지방이 열에 의해 반응하여 벤조피렌과 같은 다환방향족탄화수소(polycyclic aromatic hydrocarbon, PAH)나 양념에서부터 형성된 헤테로고리아민(heterocyclic amine)과 같은 발암물질(carcinogen)을 형성한다고 합니다. 과도하게 태워서 발암물질이 형성되는 것에 주의해야 합니다.

§

고기는 색깔에 따라서 붉은 고기, 흰 고기로 분류됩니다. 붉은 고기는 장시간 활동을 하는 근육에서 나옵니다. 이 근육의 세포에는 지속적인 에너지 제공을 위해 산소를 보관하는 미오글로빈이라는 단백질이 풍부합니다. 미오글로빈은 적혈구의 헤모글로빈처럼 산소와 결합하며, 근육 세포에 산소를 제공하여 에너지를 생산할 수 있게 합니다. 헤모글로빈과 같이 철 이온을 포함한 헴(heme) 그룹을 가지고 있어 산

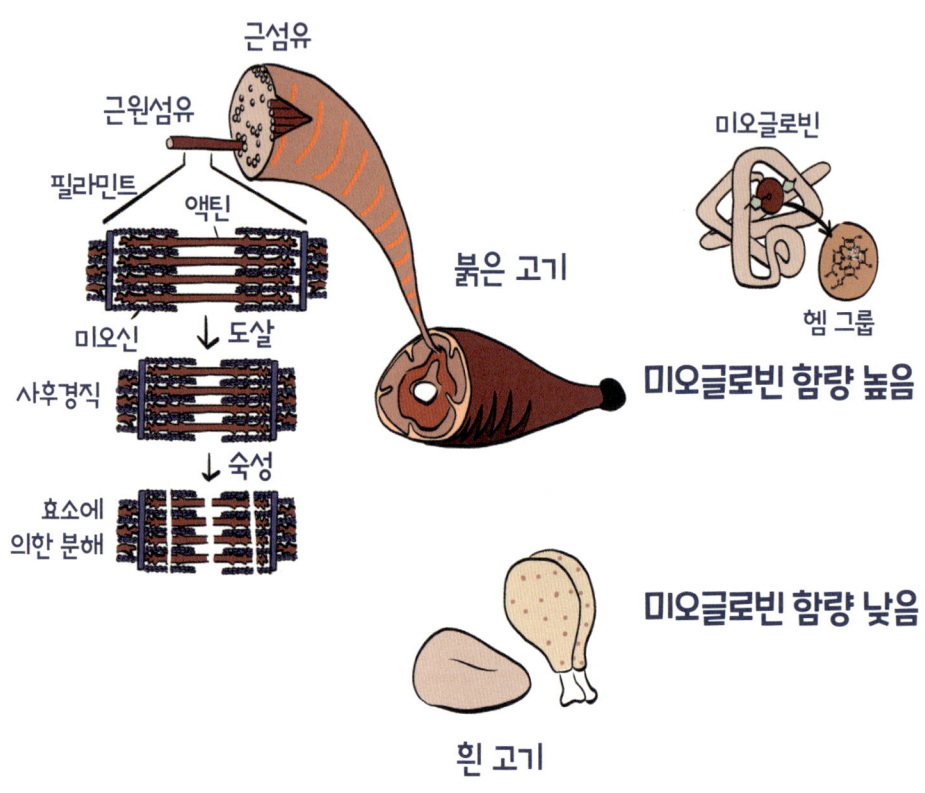

붉은 고기가 흰 고기보다 몸에 안 좋은
포화지방 함유량이 높지만,
비타민 B12와 같은 미네랄도 풍부하네...

소와 결합하면 미오글로빈도 밝은 붉은색을 띱니다. 그래서 오랜 시간 서서 움직이는 소의 근육은 미오글로빈이 많아서 붉은색을 가집니다.

흰 고기는 섬유질이 높은 근육 부위에서 나옵니다. 섬유질이 높은 근육은 위험에서 벗어나는 것과 같이 급작스러운 활동에 주로 사용되는 부위입니다. 순간적으로 근육을 움직여야 해서 주로 근육 내 글리코겐으로부터 에너지를 얻고, 미오글로빈 함량이 낮아 흰색을 띠게 됩니다. 닭가슴살, 돼지, 어린 송아지 고기가 옅은 분홍색이나 흰색인 이유입니다. 생선 근육도 흰색이 많은데, 이는 물의 부력으로 물고기가 근육으로 자신의 체중을 지탱할 필요가 없기 때문입니다. 물에서 계속 움직여야 하는 지느러미와 꼬리 주위의 근육은 주로 붉은색입니다. 큰 덩치로 헤엄치고 다니는 참치와 같은 물고기는 붉은색 근육 함량이 다른 물고기보다 높습니다.

붉은 고기가 흰 고기보다 건강에 좋지 않다는 의견이 있습니다. 붉은 고기의 포화지방 함량이 흰 고기보다 높은 것은 사실입니다. 흰 고기에 오메가-3 같은 불포화 지방산 함량이 붉은 고기에서보다 높기도 합니다. 하지만 비타민 B12를 비롯한 미네랄 함량은 붉은 고기가 더 높습니다. 붉은 고기 섭취로 우려되는 질환(암, 심혈관질환 등)은 불균형적으로 고기를 많이 섭취하는 식생활 때문이 아닐까 생각됩니다. 흰 고기에 포화지방이 덜 들어있다는 것이 붉은 고기와 비교해서 현저하게 낮다는 것은 아닙니다. 붉은 고기를 너무 자주, 많이 먹어서 생긴 건강상 문제는 흰 고기로 대체해도 고기 섭취량을 제한하지 않는다면 결코 좋아질 수 없을 것입니다.

8.2 고기, 욕심과 재난

2021년 현재 우리가 겪고 있는 코로나-19 범유행 사태는 변이된 코로나바이러스에 의한 것입니다. 코로나바이러스는 감기의 원인 중 10~15%를 차지하는 바이러스입니다. 하지만 이번 범유행을 일으킨 사스 코로나바이러스 2(SARS-CoV-2)의 경우 박쥐에게서 유래되어 다른 중간 숙주를 거쳐 인간에게 전해진 동물원성 바이러스로 여겨지고 있습니다. 그 증거로 박쥐에게 전염되는 코로나바이러스(RaTG13)와 사스 코로나바이러스 2의 유전자가 96% 일치하는 것을 들 수 있습니다.

코로나-19의 경우는 야생동물과 인간의 접촉이 원인이지만, 우리가 기르는 가축과의 접촉으로 일어나는 범유행 사태도 있습니다. 대표적인 것이 조류 인플루엔자와 신종플루입니다. 조류 인플루엔자는 조류가 걸리는 전염성 호흡기 질병이지만, 사람이 감염되는 사례도 있습니다. 특히, 2013년 중국 상하이에서 처음 사람에게 감염된 것이 보고된 이후 매년 가을부터 봄까지 유행하고 있는 조류 인플루엔자는 치사율이 25%로 매우 높습니다. 조류 인플루엔자는 철새에 의해서 전염되어 전 세계적으로 유행하지만, 주로 닭이나 오리와 같은 가축에 의해서 사람에게 감염됩니다.

2009년에 전 세계에 유행한 신종플루의 경우 돼지와 연관되어 있다고 봅니다. 멕시코와 캘리포니아 남부지역에서 처음 발병된 이 독감은 빠르게 전 세계로 확산됐습니다. 역학조사 결과를 바탕으로 이견이 있기는 하지만, 신종플루는 인간 인플루엔자 바이러스가 돼지 인플루엔자 바이러스와 결합하여 시작됐다고 여겨집니다. 꼭 2009년 신종플루가 아니더라도 돼지 인플루엔자는 종종 일어나고 변이된 바이러스가 인간에게 전염될 수 있습니다. 돼지 인플루엔자는 조류와 사람의 인플루엔자 바이러스가 돼지 인플루엔자 바이러스와 결합하면서 변이되어 인간에게 옮기며 시작됐다고 보고 있습니다.

§

인간이 이용하기 위해서 기르는 집짐승을 가축이라고 합니다. 음식 재료 획득은 가축을 기르는 주요 목적 중 하나입니다. 소, 돼지, 닭, 오리 등은 주로 고기를 얻기 위해 키웁니다. 물론 달걀, 우유와 같은 음식 재료도 있지만, 많은 경우 고기를 목적으로 합니다. 고기는 앞에서 이야기한 대로 매우 중요한 단백질 공급원입니다. 고기와 같은 육류 생산을 목적으로 하는 상업적 축산업은 우리에게 풍부한 단백질원을 제공해주지만 그만큼 대가를 지불하게 합니다.

우리에게 안정적으로 단백질원을 제공하는 축산업은 밀집된 사육 환경으로 인한 전염병뿐만 아니라 과도한 상업적 확대로 인해 환경에도 영향을 미치고 있습니다. 저는 지금 의약화학을 주 연구 분야로 삼고 있지만, 대학원 시절에 대기화학을 연구한 적이 있습니다. 대기화학의 특성상 미적분의 늪에서 헤어나오질 못하는 수업과 연구에 힘들어하는 와중에 매우 흥미로운 내용을 접하게 됩니다. 온실가스의 세 가지 주범인 CO_2, N_2O, CH_4(이산화탄소, 아산화질소, 메테인) 중 메테인 방출의 주범(전체 메테인 방출의 약 40%)이 축산업이라는 것이었습니다.

소나 염소, 양 같은 초식동물은 소화 과정에서 메테인을 형성합니다. 가축이 풀을 먹으면 장 내 미생물이 유기물을 분해하여 수소, 이산

화탄소, 메테인 등을 생성합니다. 질긴 풀 내에 있는 셀룰로스, 섬유질 등을 소화하기 위해서 한번 삼킨 먹이를 다시 게워 내어 씹는 특성을 가지는 동물을 반추 동물이라고 하며, 소, 염소, 양 등이 이에 해당합니다. 반추 동물은 소화관이나 반추위에 있는 미생물이 발효를 통해 풀을 분해해줘 소화할 수 있게 해줍니다. 이때 장용 메테인 가스가 발생하고, 이는 주로 트림을 통해서 배출됩니다. 여기서 흥미로운 사실은 장 내 미생물이 반추 동물의 주요 단백질 공급원이라는 것입니다. 소는 하루에 필요한 50~100%의 단백질을 장 내 미생물로부터 공급받습니다. 그리고, 그렇게 공급받은 단백질로 형성한 근육을 우리가 고기로 소비합니다.

지구 온실가스의 80% 이상(2018년 기준)을 차지하는 이산화탄소의 경우 대부분 화석연료의 소비로 인해 배출됩니다. 지구 온난화를 막기 위해서는 화석연료의 사용 제한과 이를 대체할 신재생 에너지의 개발이 중요할 것입니다. 하지만 메테인의 온실효과가 이산화탄소보다 ~25배 높은 것을 고려하면, 매년 전 세계적으로 3억 톤의 고기를 생산하며 4억 톤 이상의 메테인을 배출하는 축산업의 영향도 무시할 수 없을 것입니다.

§

인류는 매우 오랜 시간 동안(340만 년 이상) 육식을 해왔습니다. 세부적으로는 의견이 다양하지만, 인류가 사냥과 육식을 통해서 진화해왔다는 설명도 일반적으로 받아들여 지고 있습니다. 이렇게 고기를 통한 단백질 섭취는 인류의 생존과 발전에 매우 중요한 일이었습니다. 고기 소비량은 지금도 계속 증가하고 있으며, 다양한 연구보고와 매체에서 과도한 고기 생산과 소비에 따른 부작용을 환경과 건강 등의 문제와 연관하여 경고하고 있습니다.

넓은 땅과 많은 양의 물 소비, 온실가스 배출과 환경오염, 그리고 질병의 원인 등의 문제로 고기 산업은 이제 한계에 도달했다고 합니다. 그렇다고 안정적인 단백질원을 포기할 수도 없습니다. 그래서, 가축을 기반으로 하던 단백질원을 다양한 방법으로 생산하려는 노력이 시작됐습니다. 가축보다 적은 탄소배출과 비용이 드는 식용곤충의 개발과 식물 단백질을 기반으로 한 유사 고기의 개발, 그리고 동물의 근육 세포를 배양해서 생산하는 배양육 등이 그 예입니다. 이러한 시도가 시작된 지는 꽤 되었지만, 아직 고기를 대체할 단백질원으로 시장에서 인정받기에는 부족한 실정입니다. 하지만 최근 유사 고기 부분은 꽤 진취적인 성과를 이루고 있습니다. '단백질 속 과학' 마지막 부분으로 대체 고기에 대해서 알아보도록 하죠.

8.3 고기, 대체할 수 있을까?

신촌의 서강대학교와 연세대학교 사이 골목길에 있던 선술집에는 재미있는 메뉴가 있었습니다. 바로 메뚜기볶음입니다. 항상 메뉴를 눈으로만 보다가 한 번 호기심에 주문해본 적이 있습니다. 자리를 같이 하셨던 연세대 교수님께서는 '새우를 먹는 것 같다'라고 말씀하시더군요. 간장조림에 바싹하게 조리된 메뚜기의 식감은 사실 별다른 감흥을 주지는 않았습니다. 참고로, 이 메뚜기는 식용으로 농장에서 키운 것입니다.

우리나라는 현재 벼메뚜기, 쌍별귀뚜라미, 백강잠, 누에 번데기, 갈색거저리 유충(밀웜), 흰점박이꽃무지 유충, 장수풍뎅이 유충, 이렇게 7종의 곤충이 식품의약품안전처로부터 음식 재료로 허가가 났습니다. 식용곤충은 각종 매스컴에서 미래의 단백질원으로 자주 다루었습니다. 각광받는 식자재인지는 모르겠지만, 빠른 번식과 높은 사료 효율로 인해 농가에 이득이 될 것이라는 내용도 빠지지 않고 나옵니다. 귀뚜라미 사육에는 소를 사육하는 데 필요한 공간과 사료량의 25% 정도만 필요하다고 합니다. 이산화탄소와 메테인과 같은 온실가스 배출량도 0.25%까지 줄일 수 있으니, 앞서 제기한 과도한 가축 산업의 문제를 해결할 방법처럼 보일 수 있습니다.

　식용곤충이 고기를 대체할 수 있는 좋은 단백질원이라는 내용도 많이 접했을 것입니다. 불포화 지방산 함유량도 더 높으며, 미네랄과 비타민 등 영양성분도 더 많아서 확실히 식용곤충이 고기보다 건강에 좋습니다. 어렸을 때부터 가끔 사 먹는 번데기의 고소함은 굳이 강조할 필요가 없고, '고소애'라는 이름으로 다양한 음식 재료로 활용되는 밀웜도 거부감이 없을 정도로 맛이 있다고 합니다. 그런데, 이렇게 영양성분도 좋고 맛도 괜찮은 식용곤충은 오래전부터 매스컴 등을 통해서 알려졌음에도 불구하고 왜 일반적인 단백질원으로 자리를 잡지 못했을까요? 2016년에 이뤄진 설문조사에 의하면 식용곤충을 먹지 않는 이유로 '혐오감'이 제일 높고(주부 61.4%, 대학생 53.1%), 굳이 먹을 필요가 없어서 먹지 않는다는 대답이 그 뒤를 이었다고 합니다. 가끔 맥주 안주로 번데기 통조림을 사 먹으면, 아내와 아들이 벌레를 먹는다고 이상하게 여기고는 합니다. 제가 번데기에 거부반응이 없는 것은 어렸을 때부터 길거리 음식으로 접했기 때문에 번데기를 '벌레'가 아닌 '음식'으로 인식하기 때문일 것입니다. 하지만 꽤 맛있다는 밀웜을 한 번도 먹어본 적이 없는 것은 밀웜은 '벌레'로 인식하기 때문일 것입니다.

§

　다른 단백질원으로 고기를 대체하지 않는 이유는 식용곤충과 같이 음식 재료로 인식하기를 거부하는 선입견 때문만은 아닐 것입니다. 대표적인 예로 식물성 단백질원이 있습니다. 두부 반 모(150g)에는 단백질이 약 20g 함유되어 있는데, 이는 쇠고기 양지 100g, 돼지고기 등심 70g, 삼겹살 125g에 들어있는 양과 같습니다. 거부감 없는 음식인 두부의 단백질 함량이 뒤지지 않는다고 하더라도, 고기를 대체하기는 어렵습니다. 고기를 영양소 섭취를 위해서만 먹는 것이 아니기 때문입니다. 고기는 종류에 따라 맛과 질감이 다르므로 어느 한 종류의 고기만 먹으라고 하면 그것도 고통일 것입니다. 다이어트를 위해서 지방함유량이 낮은 닭가슴살만 섭취하는 것이 생각보다 어려운 이유입니다. 바로 이 점이 식물성 단백질을 기반으로 쇠고기를 모방하여 판매하는 유사 고기가 아직은 극복하지 못한 점일 것입니다. 여러 식물성 물질을 섞어서 제조한 유사 고기는 아직 분쇄해서 만든 쇠고기 음식(햄버거 패티, 소시지, 미트볼 등)의 대용품만 제공하기에 다양한 고기 음식을 대체하기에 무리가 있습니다.

　유사 고기는 꽤 오랫동안 우리랑 함께하고 있습니다. 일례로 짜장

라면이나 일부 컵라면에 함유된 고기처럼 보이는 갈색 건더기가 대두로 만든 콩고기입니다. 언제였는지 기억은 안 나지만, 텁텁하고 느끼한 콩고기 패티가 들어간 유사 고기 햄버거도 먹은 적이 있습니다.

최근에는 비욘드 미트(Beyond Meat)나 임파서블 푸드(Impossible Foods)와 같은 미국 내 회사에서 제작한 식물성 패티를 이용한 햄버거가 유행입니다. 국내에서도 자체 개발한 유사 고기가 판매되기 시작했습니다. 고기가 가지는 식감과 향을 다양한 첨가물로 모사한 것입니다. 사실, 특유의 고기 향을 내게 하는 화합물은 그렇게 많지 않습니다. 쇠고기의 전형적인 고기 냄새에는 퍼퓨릴 머캅탄(2-furfurylthiol), 2-메틸-3-푸란티올 (2-methyl-3-furanthiol), 4-히드록시-2,5-디메틸-3-(2H)-푸라논(4-hydroxy-2,5-dimethyl-3-(2H)-furanone)과 같은 마이야르 반응과 지방의 열분해 과정에서 형성되는 분자들이 크게 기여합니다. 하지만 이런 첨가물만으로 고기 맛을 똑같이 흉내 내기에 어려움이 있었습니다.

2019년에 미국 임파서블 푸드는 레그헤모글로빈(leghemoglobin) 단백질(콩 식물 내 산소 운반 단백질)을 효모로부터 대량 발현하고, 이로부터 분리한 헴(heme) 분자를 유사 고기에 첨가하여 시장에 내놓습니다. '임파서블 버거 2.0(The Impossible™

Burger 2.0)'이라고 불리는 이 제품은 성공적인 반응을 얻으며 유사 고기 시장에 활력을 주게 됩니다.

사람은 고기를 통해서 단백질 외에도 철이나 비타민 B12와 같은 미네랄과 비타민을 섭취합니다. 철은 우리 몸에 약 4g 정도 존재하며, 주로 헤모글로빈과 미오글로빈 안의 헴 그룹에 붙어있습니다. 하루에 10~18mg의 섭취가 필요한 이 필수 미네랄은 콩이나 시금치에도 풍부하지만 헴에 붙어있지 않아 체내 흡수율이 떨어집니다. 철은 주로 고기를 통해 섭취되며, 헴에 붙은 상태로 소장에서 흡수됩니다. 흡수된 철은 헴 그룹으로부터 떨어지고, 체내에서 활용됩니다.

임파서블 푸드는 붉은 고기에 풍부한 미오글로빈 내 헴이 고기의 풍미와 향의 95%를 차지한다고 주장합니다. 즉, 단백질 외에 안정적인 철분 섭취가 우리가 고기를 좋아하게 된 또 다른 이유라는 것입니다. 다만 헴 분자의 첨가가 유사 고기를 진짜 고기같이 느끼게 해주는 필수 요소인지에 대해서는 아직 논란의 여지가 있습니다. 또 다른 유사 고기 회사인 비욘드 미트는 완두콩 단백질을 기반으로 하여 헴을 첨가하지 않은 유사 고기를 발매했고 시장에서 좋은 반응을 얻고 있습니다. 비욘드 미트는 육즙을 모방하기 위해 헴을 대신해서 빨간 무인 '비트'의 주스를 첨가했습니다. 특별히 맛에 비판적이지 않은 제가

먹어봤을 때, 헴을 넣지 않은 비욘드 미트 햄버거도 일반 햄버거와 큰 차이가 없었습니다.

유사 고기에는 콜레스테롤이나 트랜스 지방 함유량이 적어 여러 심혈관질환 위험요소를 개선한다는 보고가 있습니다. 유사 고기는 기본적으로 콩이나 완두콩 단백질을 비롯해 감자 단백질, 글루텐과 야자유, 해바라기씨유 등을 첨가하여 만듭니다. 유사 고기의 열량이나 포화지방산 함유량은 쇠고기 패티와 큰 차이가 없고, 염화 소듐의 양은 좀 더 많습니다. 두 회사 모두 과도한 축산업에 의한 환경오염에 경각심을 가지고 시작한 회사이다 보니 고기보다 건강한 음식을 만드는 데 큰 신경을 쓴 것 같지는 않습니다.

§

아직 상업화가 되지 않았지만, 여러 매체를 통해서 배양육에 대한 소식을 접하신 적이 있을 것입니다. 동물의 근육 세포를 배양해서 고기로 섭취한다는 것인데, 최근 인공장기나 3차원 오가노이드 등의 기술개발과 더불어 많은 스타트업이 생겨났습니다. 2020년 12월에 싱가포르에서 처음으로 배양 닭고기의 판매가 허가됐습니다. 다만, 지금의 기술로는 생산 단가가 너무 높고, 무엇보다도 환경문제에서 축산업보다 이로울 것이 없다는 점이 앞으로 배양육이 성공하기 위해서 우선 넘어서야 할 문제일 것입니다.

배양육 역시 고기가 가지는 근섬유의 배열과 근막, 힘줄, 그리고 지방 분포 등에 의한 식감을 모사하는 데 있어 아직 기술적 한계가 있습니다. 현재 연구실에는 연구목적의 작은 인공 조직이나 종양 모델 정도를 제작할 수 있는 3D 바이오 프린팅 기반 배양기술이 있습니다. 여러 조직 세포를 3차원적으로 출력한 뒤 바이오 반응기에서 배양하는 이 기술이 발달하면 큰 근육 조직을 적은 에너지로 생산할 수도 있지 않을까 생각합니다. 그렇게 된다면 실제 고기와 유사한 배양육이 가능할 것입니다.

§

단백질은 우리가 건강하게 살아가는 데 필수적인 영양소이고, 주로 고기를 통해서 안정적으로 단백질을 섭취하고 있습니다. 늘어나는 인구와 더불어 증가하는 고기 소비량은 과도한 축산업의 확대로 이어졌고, 현재 많은 문제의 원인이 되고 있습니다. 이러한 문제의 자각은 육류를 대체할 방식을 찾는 노력으로 발전해 가고 있으며, 이제 어느 정도 가능성이 보이고 있습니다. 다만 인류가 수백만 년 동안 발전시킨 다양한 고기 음식 문화를 대체하기에는 아직 많이 부족한 것도 사실입니다.

갑자기 모든 육식을 대체 고기로 바꾸는 것은 불가능할 것입니다. 하지만 과도한 육식은 다양한 성인 질환의 발병과도 연관되니 섭취량을 적절히 조절하고, 조금 더 의식해서 대체 고기를 통해 육류 섭취를 줄이는 것이 우리가 지금 할 수 있는 일이 아닐까 생각합니다. 많은 이들이 어린 시절 길거리에서 사 먹으며 별다른 거부감을 느끼지 않는 번데기처럼, 대체 고기가 아이들의 식단에 자연스럽게 소개되어 고기가 아닌 단백질원에 대한 거부감을 줄여나가는 것도 중요할 것입니다.

9장

지방 속 과학

9.1 오해도 많지만, 진실도 모르겠을 지방

이미 1장에서 언급했던 바 있지만, 돈도 없고, 학위도 없는데, 시간이 제일 부족했던 학부생 시절에 '행복의 나라'(패스트푸드 음식점 광고 카피입니다)에서 점심을 때운 적이 다반사였습니다. 그것도 포장해서 강의실로 이동하며 먹기 일쑤였습니다. 때마침 "참깨 빵 위에 순쇠고기 패티 두 장, 특별한 소스, 양상추, 치즈, 피클, 양파까지" 들어있는 매일 먹어도 질리지 않던 플래그십 햄버거가 매주 목요일에 99센트였습니다. 그 외의 햄버거도 매일 1달러 아래로 할인된 가격에 판매됐습니다. 먹다 보면 햄버거 포장 상자에 영양성분이 적혀있는 것을 발견할 수 있었습니다. 햄버거 단품에 500kcal가 조금 넘는 것을 보면서 의외로 햄버거의 열량이 낮다고 생각했고, 반면에 '세트'에 함께 나오는 감자튀김이 300kcal가 넘는 것에 놀랐습니다. 콜라의 열량까지 합치면 세트 내 열량은 거의 1,000kcal에 육박합니다.

나름 건강을 생각한다고 했던 행동이 감자튀김을 시키지 않고, 음료도 당분이 들어있지 않은 제로 칼로리 콜라를 시키는 것이었습니다. 뭐, 돈도 아끼고 살도 안 찌고 빠르게 식사도 할 수 있다고 어설픈 지식에 그 당시에는 스스로 대견하게 생각했습니다. 하지만 살은 안 찌는데, 건강이 나빠지고 있었던 것이 문제였습니다. 학교 앞에서 헌혈한 뒤 받은 혈액검사 결과에 매우 큰 충격을 받았습니다. 군 복무 시절에도 자주 했던(물론 자발적으로) 헌혈 후 받은 매우 우수한 검사 결과와 달리, 미국에 온 지 불과 2년 만에 중성지방과 콜레스테롤 수치(LDL과 HDL)가 정상을 벗어난 것입니다.

분명 감자튀김도 안 먹으면서 섭취 열량 조절을 해서 살은 안 쪘는데, 왜 이렇게 된 것일까요? 햄버거 단품에는 약 30g의 지방이 함유되어 있습니다. 그중 약 11g이 포화지방입니다. 포화지방이 나쁘다는 것은 알지만 하루에 햄버거 하나면 포화지방 일일 권장섭취량의 73%만 섭취한 것인데, 왜 중성지방과 콜레스테롤 수치가 나빠졌을까요? 혹시 아침저녁에 더 나쁜 것을 먹어서 그런 것이었을까요? 아침은 보통 시리얼에 저지방 우유를 섭취했고, 저녁은 기숙사 식당에서 영양사가 짜준 식단에 맞춘 식사를 했으니 딱히 건강에 나빴다고 보기도 어렵습니다. 솔직히 아직도 이 부분에서는 뭐가 문제였다고 답을 하기가 어렵습니다. 하지만 지금까지 연구된 내용을 바탕으로 한 번 알아보죠.

지방은 에너지를 저장하기에 매우 효과적인 분자입니다. 체내에는 주로 트라이글리세라이드 형태로 저장되고 활용됩니다. 그 외에도 지방산이나 여러 고리가 이어진 탄화수소 등의 형태로도 존재합니다. 이들은 모두 탄화수소를 기반으로 한 구조를 가집니다. 18세기에 일어난 산업혁명에서부터 지금까지 우리의 주 에너지원으로 사용되고 있는 화석원료도 탄화수소를 기반으로 합니다.

탄화수소는 탄소 원자가 다른 탄소 원자나 수소 원자와 결합한 화합물로 각 결합당 약 100kcal/mol의 에너지를 가지고 있습니다. 물론, 결합 종류에 따라서 차이가 있지만, 대략 이 정도로 생각해도 큰 문제는 없습니다. 그래서 단백질이나 탄수화물은 1g당 4kcal의 열량을 가지지만, 탄화수소가 많은 지방은 1g당 9kcal의 열량을 갖습니다. 높은 열량을 가지는 지방은 기본적으로 체내에 에너지를 저장하는 역할을 합니다. 3대 영양소 중 하나며, 지용성 비타민과 더불어 필수지방산은 생명 활동에 필수적입니다. 세포막을 비롯한 세포소기관을 형성하고 각종 호르몬을 합성하며, 뇌 신경 기능에서도 중요한 역할을 합니다.

WHO에서는 지방 섭취량을 일일 권장 섭취 열량의 30% 미만으로 권장합니다. 성인 기준 하루 2,000~2,500kcal의 열량을 섭취할 때, 66~83g 미만의 지방 섭취를 권고하는 것입니다. 다만, 미국 보건복지부는 2015년 이후로 지방의 일일 섭취량 한계를 정하지 않고 있습니다. 이는 지방에 대한 인식의 중요한 변화를 의미합니다. 그동안 지방은 비만을 비롯한 각종 성인병의 원인으로 지목받으며 건강의 적으로 여겨 일일 최대 섭취량이 권고됐었습니다. 하지만 이제 모든 지방이 그런 것은 아니고 건강에 해로운 지방이 따로 있다는 것을 알게 된 것이죠. 그런데도 아직 애매한 점들이 남아있기는 합니다.

§

체내에서 주로 활용되는 지방인 트라이글리세라이드는 중성지방입니다. 이 중성지방은 지질단백질(lipoprotein) 안에 저장되어 혈관을 타고 몸속을 다니며 에너지를 필요로 하는 세포에 공급됩니다. 지질단백질은 주로 콜레스테롤 등을 전달하는 복합체인데, 크기에 따라서 다섯 종류로 나눠집니다. 간단하게 지방함량이 높아서 밀도가 낮으면 LDL(low density lipoprotein), 지방함량이 낮아서 밀도가 높으면 HDL(high density lipoprotein)이라고 생각하면 됩니다.

LDL은 지방을 세포 등에 전달하는 역할을 하고, HDL은 남는 지방을 흡수하여 간에 전달하는 역할을 합니다. LDL이 전달하고 남은 지방은 지방세포에 넘겨져서 보관되고, 그 결과 살이 찌게 됩니다. 당연히 지방을 과량 섭취해서 사용하는 양보다 먹는 양이 많으면 살이 찌겠죠. 그런데, 지방만이 문제가 아닙니다. 세포가 최종적으로 에너지원으로 쓰는 것은 ATP인데, ATP를 만드는 데 사용되는 것은 지방만이 아니기 때문입니다.

　　포도당 또한 탄화수소를 기반으로 이루어져 있고 세포 내 에너지원으로 쓰입니다. 즉각적인 에너지원으로 쓰고 남는 포도당은 일단 근육이나 간에 글리코겐으로 보관되고 추후에 간에서 지방으로 전환되어 지방세포에 보관됩니다. 또한 음주로 섭취한 알코올은 직접 지방으로 변환되지는 않지만, 중성지방 합성을 촉진합니다. 즉, 지방 섭취량이 문제가 아니라 필요 이상으로 음식을 섭취하는 것이 문제라는 것입니다.

　　트라이글리세라이드는 세 개의 지방산(탄화수소 체인)을 기본 골격으로 합니다. 탄소 간 결합이 단일결합으로만 이루어져 있는 지방산을 포화지방산이라고 하며, 이중결합 이상의 탄소 결합이 존재하면 불포화지방산이라고 부릅니다. 포화지방산은 동물성 지방과 팜유라고 불리는 야자유에 풍부합니다. 포화지방산은 탄화수소 체인의 길이에 따라서 녹는 점이 43~69℃에 달합니다. 즉, 상온이나 몸속에서 고체로 존재합니다. 포화지방산 섭취량이 많으면 트라이글리세라이드 안에 포화지방산 비율이 증가합니다. 또한, 포화지방산은 간에서 LDL 형성과 활성을 제어하는 기능을 방해해서 LDL 수치를 증가시킵니다.

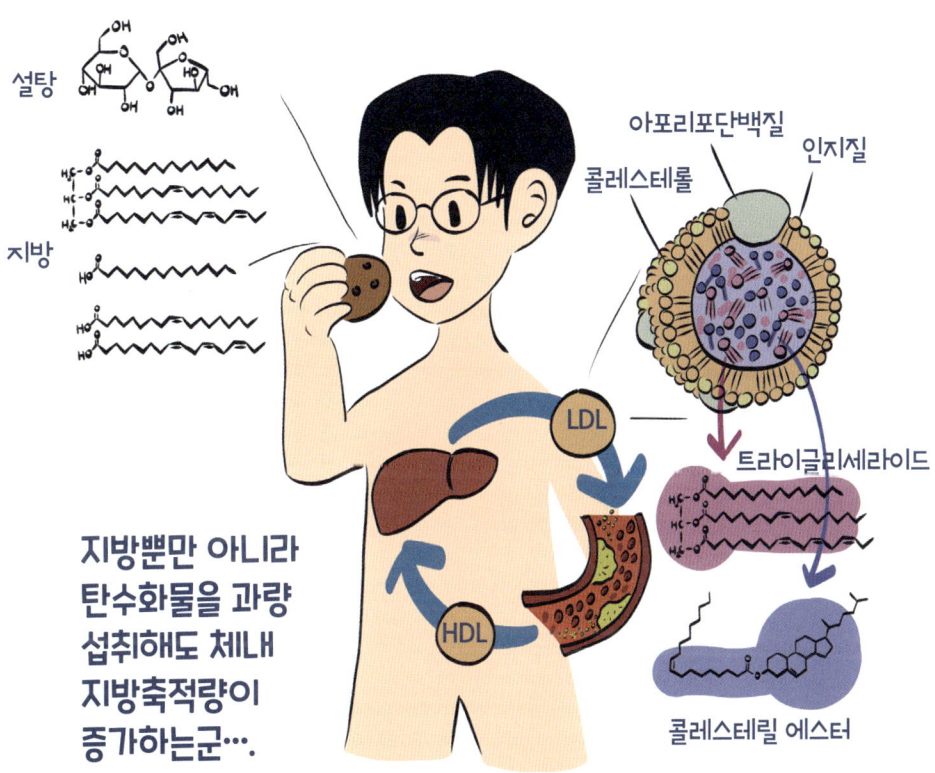

포화지방산 함량이 높은 LDL은 혈액 내에서 쉽게 산화되며, 면역 반응을 일으켜 혈관 내 염증의 원인이 됩니다. 이 과정에서 몸 속에서 고체인 포화지방산이 혈관 내에 쌓이기 시작해 플라크를 형성합니다. 그리고 이렇게 쌓인 플라크가 혈액 순환을 방해해 심혈관계 질환의 원인이 됩니다. 이런 이유로 WHO를 비롯한 다양한 기관에서 포화지방 섭취량을 하루 총 섭취 열량의 10% 미만으로 권유하는 것입니다. 그런데, '4.4 유제품 음료는 건강에 좋을까, 나쁠까?'에서 이미 논의했듯이, 60% 이상이 포화지방으로 이루어진 유지방 섭취가 비만이나 심혈관계 질환과 연관이 없다는 의견은 포화지방의 섭취가 건강에 좋지 않다는 의견과 모순되는 것 같습니다. 마찬가지로, 고기 섭취량과 심혈관계 질환 사이에도 중요한 연관성이 없다고 합니다. 즉, 심혈관계 질환을 '포화지방 섭취량'이라는 한 가지 요소로만 결정하기는 어렵다고 할 수 있겠습니다.

§

포화지방과 반대로 불포화지방은 건강한 지방으로 여겨집니다. 불포화지방은 몸속에서 어떤 작용을 하길래 건강한 지방이라고 할 수 있는 것일까요? 트랜스 지방도 불포화지방의 한 종류로 우리가 건강한 지방으로 여기는 시스(cis) 불포화지방과 구조이성질체(같은 분자식을 가지나 구조가 다름)입니다. 이러한 구조적 차이는 왜 생겼고, 그 차이가 어떤 작용으로 트랜스 지방은 몸에 안 좋다고 할까요? 앞부분에서 이야기했던, 학부 시절 섭취 열량을 제한하며 햄버거를 먹었음에도 콜레스테롤 수치가 증가한 비밀은 아마 여기에 있을 것으로 생각합니다. 불포화지방과 함께 지방과 건강에 대해서 더 이야기해보죠.

9.2 한 끗 차이로 결정되는 몸에 좋은 지방과 나쁜 지방

지방의 기본 구조는 탄화수소가 길게 이어진 체인 형태입니다. 콜레스테롤과 같이 여러 개의 탄화수소 고리가 이어진 구조도 있지만, 중성지방과 인산화 지질 등을 구성하는 지방산은 모두 체인 구조를 기본으로 하고 말단에 카복실산 작용기를 가집니다. 앞에서 이야기했듯이, 탄소 간 결합이 단일결합으로만 이루어져 있으면 포화지방이라고 하며, 이중결합이 존재하면 불포화지방이라고 부릅니다.

불포화지방산은 이중결합의 구조에 따라서 시스(cis)와 트랜스(trans)로 구분됩니다. 시스 구조는 우리가 일상에서 접하는 액상 기름에 많이 함유되어 있습니다. 탄소 간 이중결합을 중심으로 다음 탄소가 같은 방향으로 놓여있으면(두 팔을 앞으로 모두 내민 형태) 시스 구조라고 합니다. 월요일 조회 시간에 학생들이 일렬로 정렬해 있는데 너무 빽빽하게 서 있으면 선생님이 '앞으로 나란히'를 시켜서 학생 간의 간격을 띄울 것입니다. 시스 구조는 빽빽하게 나열된 탄화수소 체인 사이에 '앞으로 나란히'처럼 공간을 가지게 합니다. 포화지방산이 많으면 빽빽하게 붙어있는 탄화수소 체인 때문에 체내에서 고체로 존재하지만, 체인 간 공간을 확보한 불포화지방산이 많으면 액체로 존재하게 됩니다. 이러한 성질은 세포막을 비롯한 다양한 세포소기관의 활성과 기능에 매우 중요한 역할을 합니다.

불포화지방산 중에는 우리 몸에서 만들 수는 없지만 시스 이중결합이 여러 개 있는 것도 있습니다. 이러한 고도 불포화지방산(polyunsaturated fatty acid)은 근육운동이나 혈액 응고 작용 등에 필요하고 세포막에서 신경조직을 구성하는 등 우리 몸에 필수적이기 때문에 음식을 통해서 꼭 섭취해야 합니다. 우리가 흔히 접하는 건강보조식품인 오메가-3, 오메가-6 등이 이에 해당합니다. 오메가-3는 지방산의 탄화수소 체인의 끝에서 세 번째부터 이중결합이 시작된다는 뜻이고, 6은 여섯 번째부터 시작된다는 뜻입니다. 고도 불포화지방산은 LDL 콜레스테롤과 중성지방을 낮춰준다고도 합니다. 오메가-3, 오메가-6 지방산 모두 심장병과 뇌졸중을 예방하는 데 도움이 될 수 있다고 하지만, 이 부분은 아직 논란이 있기도 합니다. 연어, 고등어, 정어리 같은 생선이나 견과류나 식물성 기름 등에 많이 포함되어 있습니다.

§

시스 불포화지방산과 같은 분자식을 가지지만, 다른 구조를 가지는 구조이성질체인 '트랜스 지방'도 체인에 이중결합이 있는 불포화지방산입니다. 시스 불포화지방산의 '앞으로 나란히' 구조 대신에 트랜스 불포화지방산은 한쪽 팔은 위로, 다른 팔은 아래로 뻗은 '디스코 자세'의 구조를 가집니다. 이 작은 구조적 차이가 큰 물리적 차이를 만듭니다. 가장 대표적인 것이 녹는 점입니다. 포화지방산만큼 높은 온도까지는 아니더라도, 트랜스 불포화지방산도 꽤 높은 온도까지 고체 상태를 유지합니다. 예를 들어, 18개의 탄화수소 체인으로 구성된 시스 지방산인 올레산(oleic acid)은 녹는 점이 14°C로 상온에서 액체입니다. 하지만, 올레산의 트랜스 구조이성질체인 엘라이드산(elaidic acid)은 녹는 점이 45°C로 체내에서도 고체로 존재합니다. 이러한 특성 때문에 트랜스 불포화지방산이 체내 존재하면 혈관에 쉽게 쌓일 수 있고 염증을 유발할 수도 있습니다.

많은 임상 연구에서 '트랜스 불포화지방산의 섭취'와 'LDL 및 중

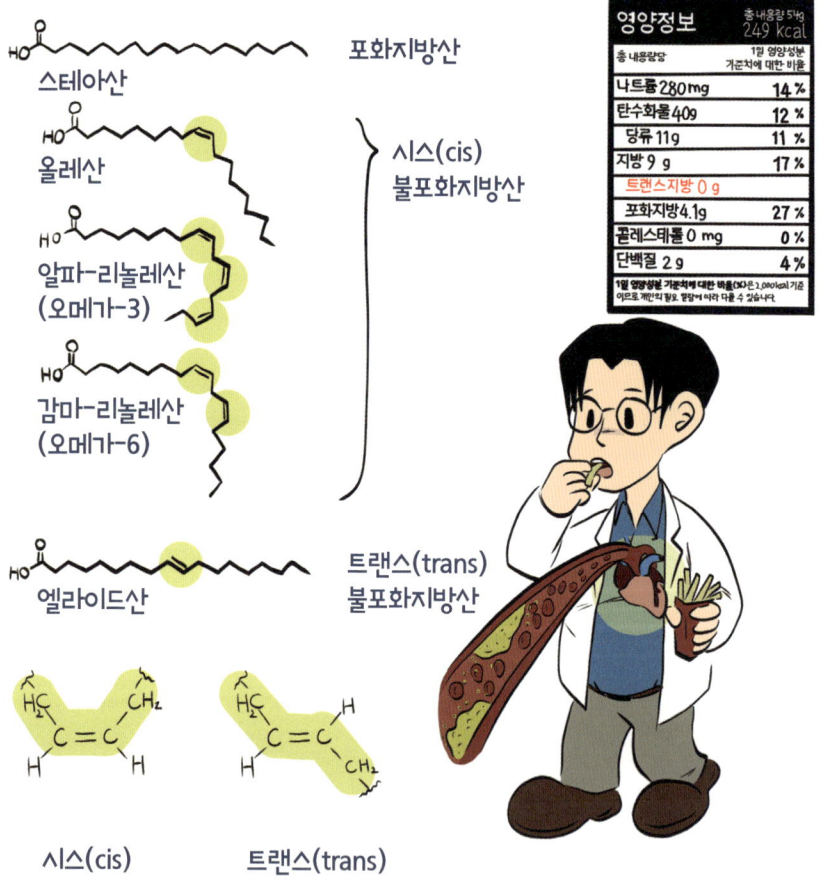

성지방의 증가' 간의 상관관계가 입증됐습니다. 또한, 트랜스 불포화지방산은 체내 염증 반응에 참여하며, 세포를 산화시키고 스트레스를 줘 사멸을 유도할 수도 있다고 합니다. 트랜스 이중결합의 구조적 특성으로 간에서 효소에 의해 분해되기 어려워 비알코올성 지방간 형성과 콜레스테롤 합성을 유도하는 등 간 질환을 일으킬 수도 있습니다. 여러 대사 작용과 네트워크에도 영향을 줘 심혈관 질환의 원인이 될 수 있습니다. 시스 불포화지방산과 작은 구조적 차이를 가지지만, 이 차이로 인해 우리 몸에서 분해하기 어렵다 보니 다양한 경로로 건강에 악영향을 미칩니다.

트랜스 지방은 주로 마가린, 크래커, 제과점 제품, 패스트푸드 음식, 공산품(주로 유탕처리 제품) 등에 많이 함유되어 있으며 고기, 우유, 버터와 같은 동물성 지방에도 일부 포함되어 있습니다. 시스 불포화지방산의 경우 산화가 쉽게 될 수 있어 조리 시 변질되는 것을 예방하는 목적으로 상업적으로 포화지방산으로 전환하여 사용하기도 합니다. 트랜스 지방은 주로 이 과정에서 형성됩니다. 식물성 기름을 수소와 반응시키면 불포화지방산의 이중결합이 풀려 포화지방산으로 전환됩니다. 이때 고온에서 반응을 시키기 때문에 일부 이중결합이 풀리는 대신 시스 구조에서 트랜스 구조로 바뀌게 되며 트랜스 불포화지방산이 생성되는 것입니다. 불포화지방산을 포화지방산으로 전환하는 과정에서 액체인 기름이 고체가 되는 경화가 일어나서 생성물을 '경화유'라고 부릅니다. 치킨집과 같이 계속해서 고온의 기름으로 음식을 튀기는 음식점에서는 기름의 산패(산화되어 상함)로 음식의 맛이 변질되는 것을 막기 위해서 튀김기름으로 대두 경화유를 주로 사용했습니다. 하지만 2000년대 중반부터 시작된 트랜스 지방에 대한 경각심으로 이제는 팜올레인유, 올리브유, 포도씨유 등으로 대체했으며, 하루 튀김 횟수를 제한하는 등 큰 노력을 하고 있습니다.

일부 잘못된 정보에 의하면, 트랜스 지방은 맛이 좋다고 합니다. 그래서 경화유로 튀긴 요리가 맛있다고 하기도 합니다. 사실 순수한 지방은 아무 맛이 없습니다. 하지만 우리가 맛있다고 할 때는 단맛, 짠맛, 신맛, 쓴맛, 감칠맛의 다섯 가지 기본 맛만으로 판단하지 않습니다. 감각 수용세포에서 지방의 질감에 반응하기는 하지만, 음식에 함유된 포화지방과 불포화지방, 트랜스 지방을 각각 구별할 수는 없습니다. 그런데도 기름이 음식 맛에 중요하다는 것은 우리가 경험을 해서 분명히 알고 있습니다.

기름이 맛에 참여하는 데는 크게 두 가지 방법이 있습니다. 첫째로, 기름은 물을 싫어하는 성질인 소수성으로 입안에 들어가면 넓게 퍼집니다. 그러면서 기름과 섞여 있던 소금이나 조미료를 입안에 퍼지게 해서 맛을 감지하는 수용체가 더 높은 효율로 맛을 느끼게 합니다. 둘째로, 기름은 음식의 향을 더 풍부하게 해줍니다. 위스키 편에서 다루었듯이, 음식의 향은 주로 방향성을 가지는 무극성 분자에 의한 것입니다. 술에 함유된 에탄올이 무극성 분자를 잘 용해하여 술의 향을 풍부하게 해주듯이, 기름 또한 음식 고유의 향을 갖게 하는 방향성 분자가 음식에 잘 함유되게 해줍니다. 그리고 입안에서 넓게 퍼지면서 향을 풍부하게 해줘 음식의 풍미를 높여줍니다. 올리브유와 옥수수기름, 트러플 오일 등의 향이 다른 것이 이런 이유 때문입니다. 그래서 기름 종류에 따라 튀김 맛에 차이가 나는 것입니다. 지방이 음식 맛에 주는 영향을 보면, 오히려 입안에서 고체로 존재하는 트랜스 지방보다는 액체로 존재하는 시스 불포화지방이 음식을 더 맛있게 해줄 것입니다.

그동안 트랜스 지방의 부작용에 관한 많은 연구가 있었고, 그 덕분에 많은 국가에서 식품 내 트랜스 지방의 섭취량을 제어하려고 노력하고 있습니다. 우리나라도 2000년대 중반부터 공산품 내 트랜스 지방의 함량 표기를 의무화하는 등 세계적 추세에 맞춰 노력하고 있습니다. 하지만 식품 포장에 표기된 함유량만으로는 트랜스 지방을 얼마나 섭취하는지 정확히 확인하기 어렵다는 문제가 있습니다. 현행 식품표시 관련 규정상 트랜스 지방의 보고 한계는 포장이나 1회 제공량, 또는 100g 기준으로 '0.5 g '입니다. 즉, 상품 포장량을 줄이거나 한 회 제공량에 트랜스 지방 함유량을 0.5g 미만이 되게 하면, 0이라고 표기할 수 있는 것입니다. 결국, 상품 광고나 포장에는 '트랜스 지방 0'이라고 해도 실제로는 트랜스 지방을 섭취했을 수 있습니다. 그 외에도 일상에서 기름을 고온에서 장시간 조리하면 트랜스 지방이 형성될 수 있습니다. 동물성 지방에도 미량 포함되어 있어 일상생활에서 트랜스 지방의 섭취량을 제어하기 어려운 점이 있습니다. WHO에서 권유하는 일일 트랜스 지방 섭취 한계량은 전체 섭취 열량의 1% 미만입니다. 즉, 하루 2,000kcal를 섭취한다면 트랜스 지방은 2.2g 미만으로 섭취하는 것을 권장하는 것입니다. 1회 섭취량 기준으로 표시된 '트랜스 지방 0'이라는 수치를 잘못 믿고 먹다 보면 하루 한계량을 넘어서 섭취할 수도 있습니다.

§

지방은 고열량을 가진 필수 영양소입니다. 물과 섞이지 않는 성질로 다양한 음식을 조리할 수 있게 했고, 그 자체로도 음식의 풍미를 풍부하게 해주는 멋진 음식 재료입니다. 오해도 많고 아직도 잘 모르겠을 부분도 많습니다. 다만, 지금까지 각 장에서 빠지지 않고 강조했듯이, 어떤 음식이든 적당히 먹지 않으면 문제가 발생합니다. 결국, 지방만으로 음식을 만들 수 없고, 탄수화물, 단백질, 미네랄 등 다양한 식자재가 섞여서 음식이 되며, 어느 한 영양소가 건강에 문제를 초래한다고 생각하기 어렵습니다.

학부 시절 즐겨 먹던 햄버거 하나에는 트랜스 지방이 0.6g 함유되어 있다고 나옵니다. 비록 하루 권장량보다 적은 양의 트랜스 지방이 있었지만 거의 매일 먹다시피 했고, 그 외에도 미처 신경 쓰지 못한 탓에 다양한 음식들이 매일 매일 건강을 해치고 있었을 것입니다. 이 시대를 살아가는 평범한 사람으로서 제가 느끼는 '음식을 적당히 먹는다'라는 것은 생각보다 어렵습니다. 먹던 중간에 멈추는 것도 힘들고, 권장량만큼 먹으려고 각 영양소를 따로 나눠서 분석하기도 어렵고, 권장량도 뭐가 아쉬움이 남을 정도의 양입니다. 영양분의 풍요 속에서 겪는 사치일 수도 있겠습니다.

10장

영양보충제

10.1 비타민 영양보충제 섭취의 기대와 효과

항상 짜증이 나 있던 수험생 시절에 아침마다 엄마가 먹으라고 주던 알약들이 있었습니다. '스피룰리나'라는 청색 조류로 만든 영양보충제인데, '수퍼푸드'라서 여러 영양소를 한 번에 제공한다고 광고하는 영양보충제입니다. 아직도 근거가 미약한 그 효능 때문이 아니라, 그 당시에는 그냥 뭐든 짜증이 나 있던 시절이라서 투덜투덜하면서 먹었던 기억이 납니다. 30여 년이 지난 지금, 엄마처럼 챙겨주는 사람도 없는데 아침저녁으로 알약 형태로 만들어진 영양보충제를 몇 알씩 잘 챙겨 먹습니다. 일부는 그 효능을 잘 알고 먹지만, 일부는 그냥 막연한 기대감에 섭취하기도 합니다.

그 막연한 기대의 영양보충제 중 대표적인 것이 비타민 C입니다. 일단 맛이 있어서 먹습니다. 하지만 잘 알려진 단기적 효과와 달리 장기적 복용에 따른 효과는 증거가 부족합니다. 즉, 꼬박꼬박 매일 따로 복용해야 하는 근거가 부족한 것이죠. 비타민 C는 항산화 작용을 하는 분자입니다. 산화가 워낙 잘 되는 분자로써, 활성산소 등이 존재하면 무엇보다 먼저 산화가 되면서 다른 분자들이 산화되는 것을 막아

줍니다. 하지만 복잡한 몸속에서 순순히 이렇게 작용을 할 수 있는지는 잘 모릅니다.

제가 매년 산화 환원 반응에 대해서 신입생들에게 강의할 때 예를 드는 것 중 하나가 음주 시 과량의 비타민 C 복용입니다. 음주 후 숙취는 간에서 에탄올을 아세트산으로 전환해주는 효소의 효율보다 더 과량의 술을 마셨기 때문입니다. 에탄올을 마시면 몸속에서 일차적으로 아세트알데하이드로 산화됩니다. 독성이 강한 아세트알데하이드가 간에서 아세트산으로 한 번 더 산화되어 분해(결국은 CO_2와 물로 분해)되지 않으면, 세포에 해를 주는 라디칼(radical)을 형성하여 몸을 아프게 합니다. 비타민 C는 높은 환원력(산화가 잘되는 성질)으로 에탄올의 산화를 막아 빨리 배출되게 하며, 세포 내 독성 반응에 먼저 반응해 아세트알데하이드로부터 몸을 보호해 줄 수 있습니다. 몇몇 임상 연구에서 이런 효과에 대한 증거를 제시하고 있습니다. 다만, 연구 결과가 많지 않고 분자 수준의 작용 메커니즘을 제안하는 데 한계가 있어서 효과를 확신하기 어렵습니다.

비타민 C는 일일 권장량 이상으로 섭취해도 문제가 적은 몇 안 되는 분자 중 하나입니다. 그러니 너무 과용량이 아니면 막연한 기대감에 섭취해도 크게 손해 볼 일이 없습니다. 비타민 C를 시작으로 우리가 자주 접하는 비타민 영양보충제의 효과와 문제에 대해서 한 번 알아보죠.

비타민 C는 부족하면 괴혈병이 일어납니다. 백혈구 활성을 도와주고 위 점막이나 폐 속에서 활성산소와 반응하여 세포막이 손상되는 것을 막아줍니다. 일일 권장섭취량은 성인 남성은 90mg, 성인 여성은 75mg입니다. 비타민 C가 감기 등의 질병을 예방한다는 의견도 있지만, 발병률을 낮춰주지는 않는 것으로 연구 결과가 나왔습니다. 하지만 감기에 걸린 환자가 하루 200mg의 고용량으로 복용했을 때 감기의 지속 기간을 줄여주는 효과는 있었습니다. 항산화 효과로 비타민 C가 심혈관계 질환에 도움이 된다는 의견도 있습니다. 앞에 지방 부분에서 설명한 바와 같이 LDL 콜레스테롤의 산화에 따른 면역반응이 심혈관 질환의 원인이 되는 혈관 내 플라크를 생성하는 주원인입니다. 고용량의 비타민 C가 혈액 내 존재하면 LDL 콜레스테롤의 산화를 막아 플라크 형성을 예방한다는 이론입니다. 하지만 여러 실험보고를 종합해보면 예방 능력은 증명된 것은 아닌 것 같고, 비타민 C가 결핍되면 심혈관 질환에 좋지 않다는 정도로 정리할 수 있을 것 같습니다.

최근에는 항암 보조요법으로 초고용량 비타민 C 사용이 다시 논의되고 있습니다. 사실 아직도 논란의 여지가 있기는 합니다. 그렇지만 최근 연구에서 암세포의 사멸이 초고용량 비타민 C에 의해 유도되는 메커니즘이 규명되면서, 합리적인 가설을 기반으로 항암치료에 초고용량 비타민 C가 포함되는 것도 기대할 수 있게 됐습니다. 일일 권장량을 훨씬 넘는 비타민 C의 과용량 섭취는 사람에 따라서 요로결석, 위장장애 등의 위험이 있으므로 의사의 처방이 꼭 필요합니다.

자양강장제 또는 에너지 드링크를 마시고 나면 밝은 노란색의 소변을 관찰할 수 있습니다. 비타민 B2인 리보플래빈(riboflavin)이 노란색 형광을 내기 때문입니다. 비타민 B는 물질대사에 연관된 여러 수용성 분자들입니다. 비타민 B 복합체라고도 합니다. 대사에 관여하는 물질이다 보니 피로 해소에 도움이 되고 활력을 준다고 합니다. 하지만 비타민 B 역시 모자라면 문제가 발생하지만 넘친다고 활력이 생기는 것은 아닙니다.

비타민 B에 속하는 분자는 20여 종이 넘지만, 대부분은 비타민의 영역에서 탈락하고 영양보충제에는 주로 8가지(B1, 2, 3, 5, 6, 7, 9, 12)가 함유되어 있습니다. 과일, 채소, 견과류 및 곡물 등의 복용으로 충분한 양을 항상 섭취하고 있으므로 굳이 영양보충제로 섭취할 필요는 없다고 합니다. 이 중에서 비타민 B9인 엽산은 다른 비타민과 함께 태아의 신경관 결함을 예방하기 위해 가임기 여성과 임산부에게(임신 1

개월 전부터 임신 3개월까지) 꼭 섭취하도록 하고 있습니다.

과량의 비타민 B 복합체 복용은 생각 외로 부작용이 심각할 수 있습니다. 비타민 B3인 니아신은 좋은 콜레스테롤인 HDL 형성에 관여합니다. 과거에 심혈관 질환 치료제로 라로피프란트(laropiprant)와 함께 처방되기도 했는데, 최근 연구에서는 이 처방이 심혈관 질환 개선에 영향이 없다고 결론 났습니다. 하지만 당뇨병, 위장질환, 근골격계질환이나 피부질환, 그리고 감염과 출혈 등을 발생시킬 수 있는 부작용이 있다고 합니다. 특히, 에너지 드링크 등에 의한 과도한 비타민 B3 섭취는 급성 간 질환과 연관이 있다고 하니 주의해야 합니다.

§

소변으로 배출된다고 하는 수용성 비타민도 섭취량이 과하면 예상치 못한 문제를 일으킬 수 있습니다. 지용성 비타민인 A, D, E, K의 경우 더욱 주의해야 합니다. 이들 분자는 항암치료에서부터 피부질환 치료까지 다양한 분야에서 실제 약물로 사용이 됩니다. 물론 약물로 사용될 때는 고용량으로 투여되니 부작용에 특히 주의해야 합니다.

비타민 A는 여드름 치료나 신경모세포종이라는 소아암의 치료제로 처방됩니다. 비타민 A를 과량 복용하는 환자들 대부분 피부질환을 부작용으로 겪기 때문에 세심한 관리가 필요합니다. 꽤 많은 사람이 혈액검사 후에 비타민 D가 부족하다는 결과를 통보받습니다. 비타민 D는 소수성 분자로 인체 내에서 합성이 되는 분자입니다. 동물성인 비타민 D3(콜레칼시페롤, cholecalciferol)는 콜레스테롤 전구체인 7-디하이드로콜레스테롤(7-dehydrocholesterol)이 자외선과 반응하여 형성됩니다. 하루에 20분 정도 태양광을 받아야 충분히 형성되는데, 실내 생활을 주로 하는 현대인은 대부분 부족합니다. 이 지용성 분자는 칼슘을 골수로 운반하는 역할을 하고, 섭취 시 체내 농도가 꽤 오랜 시간 유지됩니다(혈액 내 반감기 15일). 그래서 수용성 비타민(비타민 B, C)과 달리 과용량 복용에 더욱 주의해야 하며, 영양보충제로 섭취할 때도 의사와의 상담이 필요합니다. 일일 권장량은 70세 이하 성인은 0.015mg, 70세 이상의 성인은 0.020mg입니다. 가장 큰 효과는 골다공증과 골절 예방입니다. 하지만 어린이 골절 예방에는 효과가 없다고 합니다. 성인의 경우 칼슘과 함께 복용하면 골다공증 골절 예방과 장수에 도움이 된다고 합니다. 다만, 노인의 경우 칼슘과 비타민 D 복용은 요로결석의 위험을 증가시킬 수 있습니다. 광고에서 선전하는 심혈관 질환이나 암 예방 효과는 규명되지 않았습니다.

부족하면 문제가 생기기 때문에 생존에 필수적이라는 뜻이 넘치게 복용하면 더 좋아진다는 의미는 아닐 것입니다. 생존에 필요한 다양한 체내 반응에 작용하는 분자이기 때문에 비타민을 영양보충제로 섭취 시 주의가 필요합니다. 지금 읽으시는 과학 교양을 위한 글로 판단하는 것보다는, 집 앞의 1차 병원을 방문하셔서 가벼운 검사를 하시고 의사의 조언을 따라서 복용하는 것을 권해드립니다. 쉽게 구하고 복용할 수 있다고 해서 안전한 것은 아니니까요.

10.2 영양보충제를 꼭 먹어야 할까요?

건강과 관련된 다양한 매체의 방송을 보다 보면, 영양보충제에 대해서 매우 상반된 의견이 공존하는 것을 알 수 있습니다. 어떤 프로그램에서는 영양보충제가 건강에 해가 될 수 있다고 보도하기도 하고, 다른 프로그램에서는 전문가 패널이 영양보충제 섭취를 적극적으로 권장하기도 합니다. 가만히 보면 프로그램 방영 시간 당 한두 가지 영양보충제의 효능과 부작용에 관해 이야기하는데, 시간을 내 프로그램을 봐도 특정 영양보충제의 효과와 부작용을 잘 이해하기 어렵습니다. 하물며 세상에 넘쳐나는 그 많은 영양보충제의 성분과 효과를 일일이 알기는 더욱 어려울 것입니다.

문제는 영양보충제는 처방전이 없이 온라인 쇼핑으로도 구매할 수 있을 정도로 접하기가 쉽다는 것입니다. 인터넷상에 넘쳐나는 영양제 광고를 보다 보면 한두 종류 가볍게 구매하고 섭취하기가 어렵지 않습니다. 그리고 광고를 보다 보면 유명인들이 효과를 증명하듯 선전하고, 마치 임상시험 결과가 나온 듯이 다양한 도표와 구매 후기로 효과를 강조합니다. 이 글을 쓰고 있는 저도 인터넷 광고를 보고 몇몇 영양보충제를 구매한 적이 있습니다. 비웃는 아내에게 구매 후기 글들을 보여주고 자신만만해 한 적도 있습니다. 사실 특정 영양보충제의 성분이 좋고 나쁘고는 임상 분야의 영역이라서 기초연구를 하는 저도 잘 모릅니다. 이 글에서는 여러 유명 의료기관에서 발행한 대중 안내서를 바탕으로 공통으로 지적하는 부분에 관해서만 소개해드리려고 합니다.

비타민 보충제에 대해서는 앞서 논의했기에 그 외의 영양보충제를 중심으로 이야기해보겠습니다. 먼저, '어떠한 영양보충제도 만성질환이나 퇴행성 질환의 진행을 역전시킬 수 있다는 증거는 거의 없다는 것'을 알려드리고 싶습니다. 그렇기에 영양보충제 섭취가 걱정되는 성인성 질환으로부터 날 보호해 줄 것이라는 기대로 복용하는 것은 옳지 않습니다. 깊게 생각하지 않아도 이 부분은 이해할 수 있습니다. 고혈압, 제2형 당뇨, 지방간, 암, 알츠하이머병이나 파킨슨병과 같은 뇌 신경질환 등 다양한 퇴행성 질환은 일단 발병이 시작되면 치료가 매우 어렵습니다. 그리고 이러한 질병의 조기진단과 치료법을 위해서 정말 전 세계의 많은 연구진이 부단히도 노력하고 있습니다. 대부분 원인이 너무 다양하거나 복잡해서 병인도 완전히 파악하지 못하고 있는 것이 현실입니다.

물론, 영양보충제 중 일부는 특정 질병을 '예방'하는 데 도움이 되기도 합니다. 앞서 설명해 드렸던 임산부의 엽산 복용을 통한 태아의 신경관 결함의 예방이 좋은 예입니다. 칼슘과 비타민 D 복용은 골다공증 골절 예방에 도움이 됩니다. 아연의 섭취는 유아의 폐렴 예방에 도움을 주고, 비타민 C와 함께 감기 지속 기간을 줄여줄 수 있습니다. 유아의 철분 보충제 섭취는 어린이의 운동 발달에 긍정적인 영향을 미칠 수도 있다고 합니다. 유산균은 항생제 복용 시 발생할 수 있는 설사를 예방하는 데 효과가 있습니다. 오메가-3 등이 함유된 생선 기름은 심혈관을 튼튼하게 해줄 수도 있습니다. 멜라토닌(melatonin)은 불면증을 개선해주거나 해외여행 시의 시차 극복을 도와줄 수 있습니다. 참고로 타트체리(tart chery)도 불면증을 개선해 줄 수 있지만, 과실 속 멜라토닌 양은 효과를 보이기에는(0.5~5mg) 너무 적은 양(0.135μg/100g 체리)이라고 합니다. 대신 과실 속 프로사이아니딘 B2(procyanidin B2)라는 분자가 궁극적으로 몸속에서 멜라토닌 합

성에 쓰이는 트립토판 아미노산의 분해를 억제하여 수면을 유도하는 효과를 보일 수 있다고 합니다. 주로 커피나 녹차를 통해서 섭취하는 카페인도 심혈관 건강과 기억력 증진에 도움을 줄 수 있다고 합니다.

이렇게 특정 부분의 건강에 도움이 되면 질병을 예방하거나 치료하는 데 효과가 있다고 할 수 있는 것 아닐까요? 일부 긍정적인 결과를 기대할 수 있습니다. 그리고 특정 질환의 예방에 도움이 되는 영양보충제는 굳이 환자가 따로 구매하지 않아도 병원에서 처방으로 복용하게 합니다. 아내가 임신 후 산부인과에서 받은 첫 처방이 엽산과 아연, 철분이 함유된 종합비타민제였습니다. 편도선염과 부비강염으로 고생하던 딸아이에게 처방된 약에는 항생제와 유산균이 함께 포함되어 있었습니다.

질병 치료나 예방을 위해 의사의 처방이 나오는 영양보충제 외에는 효과가 아직 규명되지 않은 것이 많습니다. 효과가 명확히 규명되지 않았듯이, 그 부작용도 잘 모른다고 생각하시면 됩니다. 비타민을 포함한 이들 물질은 몸속에서 한가지 역할만 하지 않고 반응성도 낮지 않습니다. 혈액순환 개선에 도움을 주는 은행잎 추출물과 비타민 K는 혈액이 묽게 되는 부작용이 있을 수 있습니다. 베타카로틴과 비타민 A는 흡연자의 폐암 발생 위험을 증가시킵니다. 과량의 칼슘 복용은 신장결석 및 신장기능 장애, 심혈관 질환 등의 원인이 될 수 있습니다.

§

질병은 단순하게 건강하게 음식을 섭취하고, 몸무게를 일정하게 유지하고, 운동을 열심히 한다고 예방할 수 있는 것은 아닙니다. 유전, 환경, 스트레스, 돌연변이 등을 비롯해서 아직 우리가 모르는 다양한 원인이 질병의 원인이 됩니다. 하지만 당장 내가 할 수 있는 일은 영양 균형이 잘 잡힌 음식을 섭취하고 규칙적인 운동으로 신체를 건강하게 유지하는 것밖에 없습니다. 그런데 이마저도 쉽지 않습니다. 영양소를 골고루 적절히 섭취할 수 있는 식단을 지키고, 중독되기 쉬운 음식을 제한하고, 규칙적으로 운동하는 것이 말이 쉽지, 정말 어렵습니다. 그러다 보니, 조금 더 편한 방법이 있다면 현혹되기 쉽습니다. 만약, 알약 몇 알을 복용하여 질병을 예방하고 건강한 몸을 유지할 수 있다면 얼마나 좋을까요?

처방 없이 구매 가능한 알약 몇 알에 가질 수 있는 최대 기대치는 불균형한 식생활로 부족할 수 있는 영양소를 보충해주는 정도일 것입니다. 여기까지가 우리가 기대할 수 있는 영양보충제의 역할일 것입니다. 하지만 이미 고지혈증이나 고혈당증을 진단받고 의사로부터 질병의 위험성을 경고받았다면, 영양보충제를 섭취한다고 해결할 수 없습니다. 내 몸에 부족한 영양소를 영양보충제로 섭취하려고 해도, 내 몸에 어떤 특정 영양소가 부족한지 분자 수준에서 알 수 없으므로 무엇을 얼마나 복용해야 할지도 모를 수밖에 없습니다. 유일한 방법은 고성능 첨단 분석 장비를 이용한 검사와 다양한 기초 및 임상시험 기반의 이해를 바탕으로 한 전문가의 판단입니다. 즉, 병원에서 우리 몸에 부족한 물질이 무엇이고 얼마만큼 부족한지 분석한 뒤, 의사의 임상적 지식을 바탕으로 한 처방을 따라 몸에 필요한 물질을 적당량 복용한다면 건강에 도움이 될 것입니다.

11장

친환경 식품

11.1 GMO 대 유기농 식품

아내가 동네에 있는 작은 식료품 집에 가서 장을 이것저것 보았습니다. 짐을 받아서 냉장고에 넣기 위해서 정리하면서 보니까 유기농과 Non-GMO 표시가 봉투마다 찍혀있더군요. 20여 년 전 미국에서 학부를 다닐 때 기숙사를 나와서 처음 구한 자취방 앞에 고급 마트가 있었는데, 항상 사람이 많았습니다. 주말에 아무 생각 없이 구경도 하고 장도 볼 겸 갔는데 여기저기 'organics'라는 단어가 찍혀있는 것을 봤습니다. 한창 전공 수업의 퀴즈와 시험에 치이던 시절이기도 했고, 실험과목 보고서의 늪에 빠져서 세상 돌아가는 것에 관심을 줄 수도 없던 '상식 0'의 시절이기도 해서 뜻을 몰랐습니다. 그냥, '고급 마트라서 있어 보이게 농작물을 유기물(有機物, organic matter, 탄소를 기반으로 한 기능성 화합물)이라고 표기하나?' 하고 생각했습니다. 그리고 가격에 놀라서 결국 옆 블록에 있는 대형 마트에 가서 장을 봤던 기억이 있습니다.

일 년 정도 뒤에 분석화학 실험 시간에 유기농 재배 오렌지와 일반 오렌지 껍질의 잔존 농약의 양을 정량분석하면서 'organics'가 '유기농산물'이라는 뜻이고, 농약이나 화학 비료 같은 합성 물질을 사용하지 않고 재배한 작물이라는 것도 알았습니다. 뭐, 그런데도 미량이지만 농약이 검출되기도 했습니다…. 아내가 사온 유기농 식료품을 냉장고에 넣으면서 지금은 매일 해 먹는 음식에 꽤 많은 유기농산물이 포함된 것에 격세지감을 느끼기도 했습니다.

현재 고려대학교에 있는 우리 실험실은 다양한 형태의 세포를 이용해서 환자 맞춤형 치료를 위한 질병 모델과 치료법을 연구하고 있습니다. 그러다 보니 유전자변형생물체 실험실로 분류되고, 매년 LMO 안전교육을 받고 시험을 봐야 합니다. 시험이 꽤 어려워서 매년 보는데도 애먹습니다. LMO는 'living modified organism'의 준말이고, GMO는 'genetically modified organism'의 준말입니다. 즉, 유전자변형을 한 물질인 GMO 중 살아있으면 LMO로 정의됩니다. LMO는 GMO의 한 부분이라고 할 수 있지만, 일반적으로 구분 없이 혼용하여 사용하기도 합니다. GMO의 법률적 정의는 '인공적으로 유전자를 분리 또는 재조합하여 의도한 특성을 갖도록 한 농산물'입니다. GMO 생산에 인위적 합성과정이 포함된다는 것입니다.

GMO는 특정 성질(예: 병해충에 저항성)을 갖게 하는 단백질을 발현할 수 있는 유전자를 미생물이나 다른 생물에서 발췌해서 농작물 세포에 삽입하여 농작물이 유전적으로 새로운 성질을 갖게 하는 기술입니다. 바나나 씨 없는 수박같이 우생학적으로 선택한 농작물을 흡아, 접목, 삽목 등을 통해 재배하는 것과는 차별되는 새로운 기술입니다. 대표적인 GMO 작물로는 무르지 않는 토마토나 병충해에 강한 옥수수가 있습니다. 전 세계적으로 콩, 옥수수 등 대규모 상업적 작물에 많이 적용되고 있으며, 우리나라도 식품의약품 안전처에서 안전성 심사를 거쳐 콩, 옥수수, 면화, 카놀라, 사탕무, 감자를 포함한 66개 품목을 안전한 GMO 식품으로 승인하여 재배, 유통하고 있습니다. 일반 작물과 비교해서 독성, 알레르기, 영양적 유해성 등을 매우 까다롭게 평가하니 안전하다고 믿고 섭취해도 됩니다.

정부가 공인해서 안전하다고 해도, 많은 불신이 있습니다. 여러 질의응답 부분을 보면 유전자 재조합 식품 속 유전자가 사람의 유전자를 변형시키지 않느냐는 질문이 항상 포함되어 있습니다. 답변에는 대부분 소화되어서 흡수되어 그럴 일 없을 것이니 걱정하지 말라고 합니다. 음식물의 유전자가 우리 세포에 들어가서 직접 유전자변형을 일으키지는 않습니다. 그런데 음식물에 있는 우리가 모르는 단백질이나 펩타이드가 체내에서 소화가 다 되지 않고 장기간에 걸쳐서 염증과 같은 문제를 일으키다가 세포 내에서 질환과 연관된 돌연변이를 일으킬 가능성은 전혀 없을까요?

GMO 식품 섭취로 특정 질환에 걸릴 가능성은 매우 낮습니다. GMO 식품 중 크게 문제가 된 사례로 브라질너트의 유전자를 삽입한 영양강화 대두가 알레르기를 유발하여 생산이 금지된 사건을 들 수 있습니다. 하지만 그 뒤로 GMO 식품에 의한 알레르기 반응 검사를 매우 엄하게 하고 있고, 허가된 GMO 작물의 장기간 섭취와 연관된 질병에 대해서는 아직 알려진 바가 없습니다. 특히, 다양하고 신뢰할 수 있는 검증을 거쳐 안전이 보장된 극히 일부만 허가되어 판매되는 것이니 큰 걱정을 하지 않아도 됩니다.

§

백만 분의 일의 확률로 일어나는 문제도 어떻게 받아들이느냐에 따라서 큰 위험으로 인식될 수 있습니다. 우리가 일상적으로 일어나기 매우 낮은 확률을 '벼락 맞을 확률'과 비교하는데, 이 확률은 2017년 우리나라의 경우 약 8만 분의 1 정도였습니다(통상 28만 명 중 한 명 꼴로 낙뢰 사고 사망자가 나서 28만 분의 1이라고도 합니다). 하지만 벼락은 매일 치는 것이 아니죠. 음식은 매일 먹습니다. 또한, 아무 문제가 없는 일상적인 일은 언론에서 보도하지 않습니다. '뉴스'란 말 그대로 새로운 일이어야 보도할 가치가 있는 것이지요. 그러다 보니, 정말 희박한 경우라도 무서운 증상을 가지게 되면 언론에서는 공격적으로 보도합니다. 그리고 이러한 뉴스를 접한 사람들은 스스로를 보호하기 위한 본능에 따라 매우 보수적인 자세를 취하게 됩니다. 그리고 이러한 상황의 틈새에 진출해서 꽤 성공적으로 자리 잡은 분야가 유기농 식품 산업이라고 생각합니다.

유기농 식품의 논란도 꽤 오래됐습니다. 일반 식품보다 비싼 가격에도 불구하고 시장이 확대되어 가는 것을 보면, 대중성에서도 성공한 듯합니다. 이제는 일반 마트에도 유기농 코너가 따로 마련되어 있을 정도이니까요. 그 이면에는 자연적인 것이면 안전하고, 인위적인 것이라고 하면 위험하다는 사람들의 인식이 있다고 생각합니다. 이는 인류가 산업혁명 이후 급속도로 성장하면서 거의 모든 일상에 인간의 기술을 무분별하게 개입시키면서 형성된 여러 부작용 중 하나라고 생각합니다.

질소 고정을 통한 비료의 화학적 합성과, 살충제(insecticide)와 제초제(herbicide)를 대표로 하는 합성 농약으로 안정적인 식량 공급이 확보되면서, 인류는 멜서스의 인구론(An Essay on the Principle of Population)에서 규정했던 한계를 넘는 인구 증가를 경험하게 됐습니다. 그에 따른 지속적인 경제 성장과 산업 발전은 그 성취만큼이나 부작용도 컸습니다. 좋은 것은 당연하고 나쁜 것만 강조되는 '기억의 법칙'에 따라 '인간의 개입 = 위험한 것'이라고 인식을 하게 된 것은 아닌가 생각합니다. 그리고 이러한 인식은 '자연적인 것 = 안전한 것'이라는 잘못된 인식으로 자연에 순응하던 '과거로의 회귀'를 추구하는 생각으로 발전된 것이 아닌가 싶습니다. 저도 어릴 때 학교에서 농약은 몸에 축적되는 독성물질로 나쁜 것이라는 식으로 교육을 받았던 기억이 있습니다. 미국에 있을 때 이야기를 나눴던 몇몇 유기농산물 지지자들이 상업적 대규모 농업으로 인해 파괴되는 자연을 보호하기 위해서 유기농법을 지지한다고 했던 것도 인상적입니다. 환경화학 전문가와 꽤 오랜 시간 동안 이 주제로 대화를 나눴던 적도 있습니다.

그러면 정말 유기농산물은 우리 몸과 환경을 나쁜 합성 물질로부터 보호해주는 착하고 안전한 것일까요? 몇몇 연구에서 유기농산물의 영양소가 일반 작물의 영양소보다 더 좋다는 보고가 있습니다. 비타민 C와 같은 항산화제의 함량이 최대 50% 이상 높을 수 있다는 것입니다. 이는 농약이나 합성 비료의 공급 없이 식물이 자라면서 받게 된 외부 스트레스로부터 스스로를 보호하기 위한 결과라고 설명하고 있습니다. 하지만 다른 여러 연구에서는 유기농산물이 월등히 더 높은 영양성분을 함유하고 있지 않다고 합니다.

확실히 유기농 식품으로 다양한 독소나 잔류 살충제 등의 섭취량은 줄일 수 있습니다. 아마 이 이유가 유기농 시장이 성장하는 주된 이유 중 하나일 것입니다. 일반 마트의 유기농 코너에 가면 식료품 대부분은 유아나 어린이용인 것을 보면 유추할 수 있습니다. 내 아이에게 조금이라도 덜 해로운 음식을 주고 싶은 부모의 마음을 대상으로 한 것이겠죠. 납이나 카드뮴과 같은 중금속이나 폴리 염화 바이페닐(polychlorinated biphenyl, PCB)과 같은 잔류성 유기오염물질은 섭취 시 체내에 오랜 기간 남아있으면서 질병의 원인이 될 수 있습니다. 카드뮴이나 농약 잔류물은 유기농 작물에서 확실히 적게 검출됩니다. 하지만 일반 농산물도 매우 철저하게 관리되어, 우리가 우려할 수준으로 독성물질이 남아있지는 않습니다.

우리나라에서는 합성 농약과 화학 비료를 전혀 사용하지 않고 재배(전환 기간 : 다년생 작물은 최초 수확 전 3년, 그 외 작물은 파종 재식 전 2년)한 경우 '유기농' 친환경 농산물 인증마크를 달 수 있습니다. 하지만 토양에 남아있던 합성화학물질이 3년 동안 완전히 분해되지 않아 유기농산물에 함유돼 있을 수 있습니다. 또한, 화학 비료를 대신해서 가축의 분뇨나 퇴비를 비료로 사용할 수 있는데, 여기에서 문제가 발생할 수도 있습니다. 대표적인 것이 '장출혈성 대장균'에 의한 '용혈성요독증후군(HUS)'입니다. 미국의 한 프랜차이즈 음식점에서 잘 익히지 않은 고기 패티로부터 감염된 사례가 있어 '햄버거 병'이라는 별명을 얻은 이 질병이 2011년 독일에서 대규모로 발병하여 53명이 목숨을 잃은 사건이 있었습니다. 분석결과 유기농 새싹과 오이에 있던 대장균에 의한 것이었습니다. 물론 이런 사례는 매우 드뭅니다. 그런데 GMO 식품이나 일반 농산물 섭취로 합성화합물 등이 체내에 쌓여서 건강을 해칠 확률도 매우 드뭅니다. 자연은 개인을 배려해주지 않습니다. 정부와 같은 조직이 어느 정도 위험요소를 줄여주려 노력하지만, 어떻게 살아가든 위험요소는 존재하고, 이 요소를 감내해야 하는 것은 각자 개인의 몫입니다.

유기농 재배는 인구 증가의 일등 공신인 농업혁명을 부정하면서 시작된 '과거 회귀' 경향에 의한 것이라는 생각에 대해서는 앞에서 이야기했습니다. 농업혁명은 제한된 경작지에서 제한된 노동력으로 향상된 농산물 수확 효율을 내게 해주었습니다. 이에 반하는 전통적 농업은 투자 대비 낮은 효율의 수확을 특징으로 합니다. 그래서 유기농 식품이 비싼 것입니다. 당연히 더 많은 노동력이 필요합니다. 합성화학물질이나 전력은 적게 들지만, 더 많은 경작지가 필요합니다. 온실가스 생성에서는 큰 차이가 없다고 합니다. 어떠한 관점에서 환경을 생각하냐에 따라서 다른 결론을 낼 수 있지만, 단기적으로는 유기농 재배가 환경에 더 좋은 것 같지만 장기적으로는 큰 차이가 없어 보입니다.

질병을 연구하면서 어느 순간 통계의 의미는 제3자에게만 유의미하다는 생각을 하게 됐습니다. 백만 명 중의 한 명꼴로 발병하는 질병이라도 나와 내가 사랑하는 사람에게 발생하면, 백만 명이라는 모수는 의미가 없어집니다. 하나의 단백질은 세포 내에서 한 가지 역할만 하지 않습니다. 식물에서 일어난 변이가 어떤 단백질에 의해서 발현되는지, 그리고 이러한 물질들의 섭취가 우리 체내의 어떤 단백질과 작용하여 세포 내 네트워크에 변화를 주는지 등의 분석은 수십 년 내에는 가능해질 것이지만, 아직은 어렵습니다. 적은 양이라도 몸 안에 오랜 시간 남아서 해를 입히는 독성물질이 내 아이의 긴 인생에서 아무 영향을 주지 않을 것이냐고 물으면, 답하기 어렵습니다.

그렇다고 매일 걱정만 하고 살 수는 없습니다. 만약 조금 더 돈을 내고 유기농산물이나 Non-GMO 식품을 선택해서 먹는 것이 내 걱정의 일부를 덜어줄 수 있는 것이라면 그것도 하나의 좋은 방법이 아닐까 싶습니다. 단, 모두가 유기농산물을 먹을 수 없으며, 내가 유기농산물을 선호한다고 그런 선택을 하지 않는 사람들에게 굳이 강요할 이유도 없다고 생각합니다. 각자의 선택일 뿐입니다.

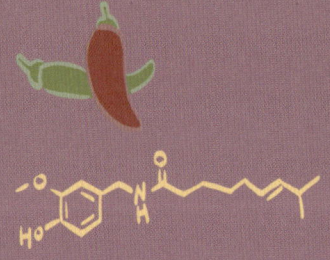

12장

먹고 마시는 모든 것

12.1 건강한 다반사

우리는 매일 먹고 마십니다. 매일 먹고 마시는데도 항상 고민합니다. '뭐 먹을까?' 한가로운 공휴일 오후를 즐기다 저녁 시간이 다가오자 아내와 나눈 대화입니다. 대학원 졸업생의 송별회 날짜는 쉽게 잡았는데, 그날 뭐 먹을지는 결정이 잘 안 났습니다. 오랜만에 부모님과 외식을 하려고 해도 뭐 먹을지 쉽게 떠오르지 않습니다.

무엇을 먹을지 결정할 때 고민하는 요소는 '맛과 영양'일 것입니다. 그리고 여기까지 이 책을 다 읽으셨다면 음식의 맛과 영양이 음식에 함유된 분자에서 비롯된다는 것이 자연스럽게 떠올려질 것입니다. 이전에는 미처 몰랐던 항상 우리와 함께 하는 과학을 느낄 수 있으면 이제 세상을 바라보는 관점에 변화가 생겼다는 것입니다.

네, 맞습니다. 노린 것입니다.

하지만 고기를 먹으며 '마이야르 반응'을, 튀김을 먹으며 튀김옷의 '다공성 구조'를, 매운 요리를 먹으며 '캡사이신과 온도 감수성 TRP

채널'을 생각하실 필요는 없습니다. 맥주를 들이켜며 '미르센'의 향을, 소주를 마시며 '피루브산과 에틸아세테이트'의 향을, 위스키를 마시며 '구아이아콜'의 향을 고민하실 필요도 없습니다. 하지만 이런 것을 알고 먹으면 더욱 풍미를 즐기실 수 있겠죠.

6대 영양소를 기반으로 음식에 관해 글을 쓰면서 어떻게 보면 애매하게 마무리한 내용이 많습니다. 아마도 읽고 나서 '그래서 먹으라는 거야 말라는 거야?'라는 생각이 드셨을 수도 있을 것입니다. 이 책은 우리가 매일 먹는 음식이 얼마나 많은 연구를 기반으로 발전해 왔는지를 논의하는 '리뷰'의 개념으로 썼습니다. 생명의 근원이자 음식의 기본인 물을 포함한 6대 영양소를 중심으로 제가 매일 경험하는 음식과 연관된 '문제'를 찾고, 연구 기관의 발표와 문헌을 바탕으로 정리했습니다. 그러다 보니 제기된 문제에 대한 결론을 내리기보다는 학계와 사회에서 제시하는 다양한 내용을 소개해드리는데 중심이 맞춰졌습니다. 과학이 이렇게 발전했어도, 아직도 세상은 모르는 것투성입니다. 안전하고 풍요로운 인류의 삶을 계속 유지해나가기 위해서 우리가 연구해야 할 문제들은 아직 많습니다. 다만, 음식과 관련해서 다음 네 가지는 분명히 말씀드릴 수 있습니다.

첫째, 중독성 음료와 음식을 절제하십시오. 당분이 함유된 음료는

과일 주스든 탄산음료든 성인 기준으로 하루 한두 잔으로 섭취량을 제한하고, 매일 드시지 않는 것이 좋습니다. 술은 되도록 적게 드십시오. 아예 안 드시는 것이 좋지만, 한 번 드시면 최소 3일 이상은 금주하십시오.

둘째, 트랜스 지방과 소듐(나트륨) 이온 섭취를 제한하십시오. 튀김이나 패스트푸드 음식, 제과점 빵 등에는 트랜스 지방이 함유되어 있을 가능성이 큽니다. 하루 소듐 권장섭취량을 넘어서 섭취하지 않기 위해서 라면이든 찌개든 냉면이든 국물을 다 드시지 마십시오.

셋째, 극단적인 다이어트를 하지 마십시오. 탄수화물, 지방, 단백질 중 어느 한 가지의 섭취를 완전히 제한하는 것은 좋은 것이 아닙니다. 탄수화물 섭취를 제한한 식단이 오히려 수명을 단축하게 한다는 연구 결과를 기억하십시오. 어느 한 영양소 섭취가 과하지 않게 식단을 잘 조절하는 것은 건강을 위해서 중요합니다.

마지막으로, 채소와 과일 섭취를 늘리십시오. 우리 몸에는 더 많은 섬유질 섭취가 필요합니다.

너무 뻔한 이야기입니다. 누구나 다 아는 이야기이지요. 저도 정기적으로 받는 건강검진 후에 가정의학과 교수님께 상담받을 때 항상 듣는 이야기입니다. 이렇게 글을 쓰고 있지만, 저도 저 단순한 네 가지 사항을 잘 못 지킵니다. 그래서 매번 건강검진 전에는 검사 결과가 나쁠까 봐 걱정하고 반성하며, 검사 후 며칠 동안은 열심히 지킵니다. 그런데 몇 주 지나면 다시 원래의 나쁜 습관으로 돌아갑니다. 그래도 이런 사항들을 명심하고 있으면 폭음이나 과도한 양의 커피 섭취를 자제하게 되고, 점심 식사할 때 나물 한 젓가락이라도 더 먹게 될 것입니다.

나쁜 일은 한순간에 일어나지만, 그 나쁜 일을 예방하기 위해서 우리가 할 수 있는 일은 매우 제한적입니다. 그러나 그 제한된 일을 꾸준히 하는 것이 우리에게 주어진 삶을 지켜가는 데 매우 중요한 힘이 될 것입니다. 이 책을 통해 많은 정보를 드리려 했지만 부족했을 수도 있습니다. 그렇지만 우리가 매일 겪는 일상이 모두 과학의 산물이고, 더 나은 일상을 위해서 많은 과학자가 계속해서 연구하고 있다는 점은 꼭 알려드리고 싶었습니다. 일상의 고마움을 더없이 느끼는 요즘, 이 책이 그 안에 있는 과학도 한번 알아볼 수 있던 계기가 됐기를 바랍니다. 항상 건강하시기를 바랍니다.

참고문헌

1장 우리가 먹고 마시는 모든 것이 과학!
1. Glasgow, (2018) Minimal Selfhood and the origins of consciousness, Wurzburg University Press

2장 소화작용과 영양소
1. https://www.who.int/elena/nutrient
2. https://www.msdmanuals.com
3. Campbell et al. (2017) Essential biology, 11th Ed., Pearson Education, Inc.

3장 생명의 근원인 물
1. Lucy and Harris, (2017) Quantitative Chemical Analysis. 9th Ed., W.H. Freeman and Co.
2. Oxtoby et al. (2002) Principles of modern chemistry. Thomson/Brooks/Cole
3. World Health Organization. Sustainable Development and Healthy Environments Cluster. (2005). Nutrients in drinking water. World Health Organization.
4. 장홍제 (2019), 물질 쫌 아는 10대, 도서출판 풀빛
5. Sengupta, *Int. J. Prev. Med.*, 2013, 8, 866

4장 음료 속 과학
1. Skilling, Ask Tom: Does carbon dioxide released by soft drinks contribute to global warming?, Chicago Tribune, 2019. 02. 12
2. Weinraub and Kelly, How ethanol plant shutdowns deepen pain for U.S. corn farmers, Reuters, 2019. 12. 13.
3. Kelly and Baertlein, Beer may lose its fizz as CO_2 supplies go flat during pandemic,

Reuters, 2020. 04. 18.

4. Reddy et al., *J. Am. Dental Assoc.*, 2016, 147, 255

5. https://www.nof.org/patients/treatment/nutrition/

6. https://www.dietandfitnesstoday.com/phosphorus-in-orange-juice.php

7. Larsen, (2009) 'Erosion of teeth' in Dental Caries: The Disease and Its Clinical Management. 2nd ed, Blackwell Munksgaard

8. https://www.coca-colacompany.com

9. Glusker, The Story of Mexican Coke Is a Lot More Complex Than Hipsters Would Like to Admit SMITHSONIAN magazine, 2015. 08. 11.

10. Wiebe et al., *BMC Med.*, 2011, 9, 123

11. https://www.fda.gov/food

12. 전명훈, "상큼한 탄산음료?...한 캔에 설탕 50 g 이나," 연합뉴스, 2015. 09. 14.

13. WHO, (2015) Guideline: Sugars intake for adults and children, WHO

14. Koob and Simon, *J. Drug Issues*, 2009, 39, 115

15. Volkow et al., *Transl. Psychiatry*, 2015, 5, e549

16. Mayo Clinic Staff, Caffeine: How much is too much? Mayo clinic, 2020. 03. 06

17. https://www.math.utah.edu/~yplee/fun/caffeine.html

18. Drayer, What makes soda so addictive?, CNN health, 2019. 10. 28.

19. Vos et al. *Circulation*, 2017 135, e1017

20. Castle, Caffeine: a Growing Problem for Children, US News, 2017. 06. 01.

21. Bhat et al., (2016) 'Casein Proteins: Structural and Functional Aspects' in Milk Proteins - From Structure to Biological Properties and Health Aspects, IntechOpen

22. Rashidinejad et al. (2017) 'Nutrients in Cheese and Their Effect on Health and Disease' in Nutrients in Dairy and their Implications on Health and Disease, Academic Press, an imprint of Elsevier

23. Truswell, *Eur. J. Clin. Nutr.*, 2005, 59, 623

24. Thalheimer, *Today's Dietitian*, 2017, 19, 10

25. 윤성식, A2 milk 마시자고 젖소 품종 바꿔야 하나, 축산신문, 2019. 01. 17.

26. Jesnsen et al. *Dairy Sci.*, 1991, 74, 3228

27. http://www.seoulmilkblog.co.kr/

28. Weinberg, *J. Am. Coll. Cardiol.*, 2004, 43, 731

29. Elhauge, *Eur. J. Clin. Nutr.*, 2018, 72, 249

30. 김하림, 콜라보다 당 많은 초코우유… "애들 먹여도 되나?", TV조선, 2019. 09. 16.

31. https://www.yakult.co.jp/

32. 윤지나, 요구르트가 건강식품? 콜라 만큼 '설탕 범벅' CBS노컷뉴스, 2015. 06. 02.

33. Belitz et al. (2009) 'Aroma Substances' in Food Chemistry, 4th Ed., Springer

34. Ochiai et al., *J. Chromatogr.*, 2014, 1371, 65

35. ACS Reactions, Why Does Your Coffee Taste and Smell Delicious?

36. Wang and Yao, *Food Chem.*, 2011, 128, 573

37. https://pubchem.ncbi.nlm.nih.gov/compound/Chlorogenic-acid

38. Moon et al., *J. Agric. Food Chem*. 2009, 57, 12, 5365

39. https://www.teaclass.com

40. https://www.teaguardian.com/what-is-tea/green-tea-production-roasting

41. http://www.tocklai.org/activities/tea-chemistry

42. Walker et al., *Nutrition*, 2014, 30, 928

43. Caroll et al. Seriously, Juice Is Not Healthy, the New York Times, 2018. 07. 07.

44. .Morris, *HortTechnology*, 1998, 8, 471

45. The Atlantic, The Man Who First Juiced by Sarah Laskow, 2014. 11. 20.

46. Flood-Obbagy & Rolls, *Appetite*, 2009, 52, 416

47. Clemes, *Adv. Nutr.*, 2015, 6, 236S

48. Healthline, Is Fruit Juice as Unhealthy as Sugary Soda? by Alina Petre, 2019. 12. 13.

49. Myers, The Truth About Store-Bought Orange Juice: It Doesn't Actually Taste Like Orange Juice, The Daily Meal, 2017. 04. 06.

50. 신진섭, 오렌지 주스의 진실, 성분 같지만, 가격은 '제각각'…소비자들만 속고 사는 '냉장 주스,' Top daily, 2018. 07. 03.

51. Johnson and Gower, (2008) The Sugar Fix: The High-Fructose Fallout That Is Making You Fat and Sick, Rodale Press

52. Lieberman, (2013) The Story of the Human Body: Evolution, Health, and Disease, Patheon Books

53. Business Insider, An Evolutionary Explanation For Why We Crave Sugar by Spector, Apr 25, 2014

5장 술잔 속 과학

1. Mysels, *J. Opioid Manag*. 2010, 6, 445

2. https://www.chemsafetypro.com/Topics/CRA/acute_toxicity_ld50_lc50.html

3. 국립독성연구원, (2007) 알기 쉬운 독성학의 이해, 국립독성연구원

4. https://www.therecoveryvillage.com/alcohol-abuse/

5. Chiara, *Alcohol Health Res. World*. 1997, 21, 108

6. .Cervera-Juanes et al., *Mol Psychiatry*. 2016, 21, 472

7. https://www.drugabuse.gov/drug-topics/alcohol

8. [알코올 분해 과정 파헤치기] 술이 세다고 간이 튼튼하지 않아요, 가톨릭대 인천성모병원, 2019.12.05.

9. Palmer, (2017) How To Brew: Everything You Need to Know to Brew Great Beer Every Time, 4th Ed., Brewers Publications

10. Hornsey, (2003) A History of Beer and Brewing, Royal Society of Chemistry

11. Olaniran et al., *J. Inst. Brew*. 2017, 123, 13

12. Devitt, 500 years ago, yeast's epic journey gave rise to lager beer, https://news.

wisc.edu/. 2011. 08. 22.

13. Stack, A Concise History of America's Brewing Industry, EH.net

14. Gajanan, How to Talk About Beer Like a Pro, Time, 2018. 04. 07

15. https://beerandbrewing.com/dictionary/tUHp3R5egg/

16. Ting & Ryder, *J. Am. Soc. Brew, Chem.*, 2017, 75, 161

17. BYO Staff, Using Roasted Barley: Tips from the Pros, byo.com, 2004. 01

18. https://www.simpsonsmalt.co.uk/blog/malt-production-process-roasting/

19. Carlin and Rosentha, (1998) Food and eating in medieval Europe, Hambledon Press

20. Mitchell and Herlong, *Annu. Rev. Nutr.*, 1986, 6, 457

21. Zelman, The Truth About Beer, webMD, 2014. 08.

22. Hobson and Maughan, *Alcohol Alcohol.*, 2010, 45, 366

23. Cuzzo and Lappin, Vasopressin (Antidiuretic Hormone, ADH), StatPearls [Internet], 2019

24. Chiba and Phillips, *Addict. Biol.*, 2000, 5, 117

25. 이영호 대한류마티스학회지, 2011, 18, 1

26. Fugelsang and Edwards, (2010) Wine Microbiology, 2nd Ed., Springer Science and Business Media

27. Adams, The Science of Winemaking Yeasts, Sevenfiftydaily, 2018. 06. 06.

28. Remize et al., *Yeast*, 2003, 20, 1243

29. Russan, The Science of Tannins in Wind, SevenFiftyDaily, 2019. 02. 07.

30. Rovner, *C&En*, 2006, 84, 30

31. Robles et al., *TrAC-Trends Analyt. Chem.*, 2019, 120, 115630

32. Hines, These Are the Chemical Compounds That Make Wine Taste So Good, Vinepair, 2017. 09. 24.

33. Corliss, Is red wine actually good for your heart?, Harvard Healthy Blog, 2018.

02. 19.

34. Panesar (2014) Biotechnology in Agriculture and Food Processing: Opportunities and Challenges, CRC Press

35. Bang et al., *Korean J. Food Cook Sci.*, 2016, 32, 44

36. Takahashi & Kohno, *PLos One*, 2016, 11, e0150524

37. https://en.sake-times.com/learn/the-science-of-sake-aroma

38. https://thesool.com

39. Casey & Ingledew, *Crit. Rev. Microbiol.*, 1986, 13, 219

40. Jin et al., *Trends Food Sci. Technol.*, 2017, 53, 18

41. Karlsson & Friedman, *Sci. Rep.*, 2017, 7, 6489

42. Tsakiris et al., *J. Sci. Food Agric.*, 2014, 94, 404

43. http://www.snuh.org/health/compreDis/OT01/6.do

6장 조미료의 과학

1. Purves et al. (2001) Neuroscience. 2nd edition, Sinauer Associates, Inc.

2. Valentová & Panovská, (2003) Encyclopedia of Food Sciences and Nutrition 2nd Ed. 5180-5187, Academic Press

3. Hayes et al., *Physiol. Behav.*, 2010, 4, 100

4. Streit, Sea Salt: Uses, Benefits, and Downsides, Healthline, 2019. 11. 12.

5. Lee & Min, *Korean J. Nutr.*, 2011, 44, 82

6. Drake & Drake, *J. Sens. Stud.*, 2011, 26, 25

7. He et al., *The Lancet*, 2009, 374, 1765

8. Smyth et al., Am. J. Hypertens. 2014, 27, 1277

9. Devine et al., *Am. J. Clin. Nutr.*, 1995, 62, 740

10. Wallace et al., *Nutrients*, 2019, 11, 2691

11. Kwok, *N. Engl. J. Med.*, 1968, 278, 796

12. https://www.merriam-webster.com/

13. Yang et al., *J. Allergy Clin. Immunol.*, 1997, 99, 757

14. Hartely et al. *Nutrient*, 2019, 11, 182

15. 식약청 MSG 관련 법규개정(2010.5.18. 개정)

16. Kurihara, *Biomed. Res. Int.*, 2015, 2015, 189402

17. Pepino et al., *Obesity*, 2010, 18, 959

18. Yamaguchi & Kimizuka (1979) Glutamic acid: Advances in biochemistry and physiology, Raven Press

19. Maluly et al., *Food Sci. Nutr.*, 2017, 5, 1039

20. Pomranz, Replacing Table Salt with MSG Could Help Reduce Your Sodium Intake, Study Says, Food&Wine, 2019. 11. 11.

21. Mouritsen & Khandelia, *FEBS J.*, 2012, 279, 3112

22. Diez-simon et al., *J. Agric. Food Chem.*, 2020, 68, 42, 11612

23. Chancharoonpong et al., *APCBEE Procedia*, 2012, 2, 57

24. Lee & Khor, *Compr. Rev. Food Sci. F*, 2015, 14, 48

25. Devanthi et al., *Food Res. Int.*, 2019, 120, 364

26. Wang et al., *Anal. Lett.*, 2019, 52, 1813

27. https://nutritiondata.self.com/facts/legumes-and-legume-products/4390/2

28. Maing et al., *Appl. Microbiol.*, 1973, 25, 1015

29. 박장군, 된장에 웬 발암물질...33개 제품 아플라톡신 초과검출, 국민일보, 2020. 10. 23.

30. Sanz-Salvador et al., *J. Biol. Chem.*, 2012, 287, 19462

31. Yang & Zheng, *Protein Cell.*, 2017, 8, 169

32. 서지연, [과식 한끼-고추 3] 캡사이신과 통각 수용체, 2018-07-18, https://www.ibric.org/myboard

33. Iwasaki et al., *Biosci. Biotechnol. Biochem.*, 2008, 72, 2608

34. Arnaud, What's wasabi, and is your fiery buzz legit?, C&En, 2010. 03. 22.

35. McNarama et al., *Br. J. Pharmacol.*, 2005, 144, 781

36. Bautista et al., *Proc. Natl. Acad. Sci. U.S.A.*, 2005, 102, 12248

37. Borlinghaus et al., *Molecules.* 2014, 19, 12591

38. Song & Milner, *J. Nutr.*, 2001, 131, 1054S

39. Tirad-Lee, This is your brain on capsaicin, Helix, 2014. 07. 16.

7장 탄수화물 속 과학

1. Johnson (2008) The Sugar Fix: The High-Fructose Fallout That Is Making You Fat and Sick, Potter/Ten Speed/Harmony/Rodale

2. Lieberman (2013) The Story of the Human Body: Evolution, Health, and Disease, Patheon Books

3. Spector, Business Insider, An Evolutionary Explanation For Why We Crave Sugar, 2014. 04. 25

4. Reynolds et al., *The Lancet*, 2019, 393, 434

5. Pol et al., *Am. J. Clin. Nutr.*, 2013, 98, 872

6. Sadeghi et al., *Adv Nutr.*, 2020, 11, 280

7. Marventano et al., *Nutrients*, 2017, 9, 769

8. Honsek et al., *Diabetologia*, 2018, 61, 1295

9. Brand-Miller et al., *Am. J. Clin. Nutr.*, 2009, 89, 97

10. Lee et al., *Nutrients*, 2020, 12, 3208

11. Ribeiro et al., *J. Proteome Res.*, 2013, 12, 4702

12. Feng et al., *Grain Oil Sci. Tech.*, 2020, 3, 29

13. Hill, *ChemMatters, Feb.* 2012, 9-11

14. Stern et al., *Eur. J. Gastroenterol. Hepatol.*, 2001, 13, 741

15. Nanayakkaran et al., *J. Clin. Nutr.*, 2013, 98, 1123

16. Beaudoin and Willoughby, *J. Nutr. Health Food Eng.*, 2014, 1, 229

17. Gweon et al., *Korean J. Gastroenterol.*, 2013, 61, 338

18. Ham et al., *Intest. Res.*, 2017, 15, 540

19. Khamsi, *Sci. Am.*, 2014, 310, 2, 30

20. Koerten (2016) Deep frying: from mechanisms to product quality, Wageningen University

21. Lumanlan et al., *Food Sci. Tech.*, 2020, 55, 1661

22. Thanatuksorn et al., *J. Sci. Food Agric.*, 2007, 87, 2648

23. Carvalho & Ruiz-Carrascal, *Food Sci. Technol.*, 2018, 55, 2068

24. https://ifood.tv/dough/rice-dough/about

25. Nakamura & Ohtsubo, *Biosci. Biotechnol. Biochem.*, 2010, 74, 2484

8장 단백질 속 과학

1. https://www.exploratorium.edu/cooking/meat/meat-science.html

2. Paredi et al., *J. Proteomics*, 2012, 75, 4275

3. Matarneh et al. (2017) Chapter 5 - The Conversion of Muscle to Meat, Lawrie´s Meat Science (Eighth Edition), Woodhead Publishing, 159

4. Kosowska et al., *Food Sci. Technol.*, 2017, 37, 1

5. Brunning, *C&En,* 2015, 93, ISSUE 28

6. Ukundan et al., *Fish. Technol.*, 1979, 16, 77

7. https://www.nutritionadvance.com/healthy-foods/red-vs-white-meat/

8. Bergeron et al., *Am. J. Clin. Nutr.*, 2019, 110, 24

9. Wacharapluesadee et al., *Nat. Commun.*, 2021, 12, 972

10. https://www.cdc.gov/flu/avianflu

11. Sun et al., *Proc. Natl. Acad. Sci. U.S.A.*, 2020, 117, 17204

12. https://www.epa.gov/ghgemissions

13. Bohnert et al., *J. Anim. Sci.*, 2002, 80, 1629

14. Shahbandeh (2020) Global production of meat 2016-2019, Statista

15. Thompson et al., *J. Hum. Evol.*, 2015, 86, 112

16. Ben-Dor et al., *Yearbook. J. Phys. Anthropol.*, 2021, 1

17. Post et al., *Scie. Total Environ.*, 2020, 737, 139702

18. Robinson et al. (2011) Global Livestock Production Systems.

19. Opio et al. (2013) Greenhouse gas emissions from ruminant supply chains—A global life cycle assessment. Food and agriculture organization of the United Nations

20. "Explained" The Future of Meat (Neflix Episode 2019)

21. 김수희, 세계농업, 2017, 207, 1

22. 식품의약안전처, 열린 마루, https://www.mfds.go.kr/webzine/201610/02.jsp

23. Wu and Cadwallader, *J. Agric. Food Chem.*, 2002, 50, 10, 2900

24. Mottram, *Food Chem.*, 1998, 62, 415

25. https://www.impossiblefoods.com/heme

26. Pizzaro et al., *J. Nutr.*, 2003, 133, 2214

27. Dang, Impossible Burger CEO lectures on destructive tech, The Justice, 2016. 09. 13.

28. https://www.beyondmeat.com/

29. Crimarco et al., *Am. J. Clin. Nutr.*, 2020, 112, 1188

30. Carrington, No-kill, lab-grown meat to go on sale for first time, The Guardian, 2020. 12. 02.

31. Lynch & Pierrehumbert, *Front. Sustain. Food Syst.*, 2019, 3, 5

9장 지방 속 과학

1. https://www.who.int/news-room/fact-sheets/detail/healthy-diet

2. U.S. Department of Health and Human Services and U.S. Department of

Agriculture. (2015) 2015 – 2020 Dietary Guidelines for Americans. 8th Edition, HHS/USDA

3. Basaranoglu et al., *Hepatobiliary Surg. Nutr.*, 2015, 4. 109

4. Wang et al., *Mol. cell*, 2012, 49, 283

5. You et al., *J. Biol. Chem*., 2002, 277, 29342

6. Siri-Tarino et al., *Curr. Atheroscler. Rep.,* 2010, 12, 384

7. Lusis, *Nature*, 2000, 407, 233

8. Weinberg, *J. Am. Coll. Cardiol.*, 2004 43, 731

9. Elhauge, *Eur. J. Clin. Nutr.*, 2018, 72, 249

10. O'Sulivan et al., *Am. J. Public Health,* 2013, 103, e31

11. Eslick et al., *Int. J. Cardiol.*, 2009, 136, 4

12. Oelrich et al., *Nutr. Metab. Cardiovasc. Dis.*, 2013, 23, 350

13. Oteng & Kersten, *Adv. Nutr.*, 2020, 11, 697

14 Martin et al., An. *Acad. Bras. Ciênc.*, 2007, 79, 343

15. Lucy and Harris, (2017) Quantitative Chemical Analysis. 9th Ed., W.H. Freeman and Co.

10장 영양보충제

1. Lim et al., *BMJ Nutr. Prev. Health*., 2018, 1, 17

2. Susick & Zanobi, *Clin. Pharmacol. Ther.,* 1987, 41, 502

3. https://ods.od.nih.gov/factsheets/VitaminC-Consumer/

4. Hemilä & Chalker, *Cochrane Database Syst. Rev*., 2013, 1, CD000980

5. Lusis, *Nature*, 2000, 407, 233

6. Moser & Chun, *Int. J. Mol. Sci.*, 2016, 17, 1328

7. Ngo et al., *Nat. Rev. Cancer*, 2019, 19, 271

8. De-Regil et al., *Cochrane Database Syst. Rev.*, 2010, 10, CD007950

9. The HPS2-THRIVE Collaborative Group, *N. Engl. J. Med.*, 2014, 371, 203

10. Harb et al., *BMJ Case Rep.*, 2016, bcr-2016-216612

11. 김준곤, (2020) 신경모세포종 이야기, 맨투맨사이언스

12. https://ods.od.nih.gov/factsheets/VitaminD-HealthProfessional/

13. Winzenberg et al., *Cochrane Database Syst. Rev.*, 2010, 10, CD00694

14. Weaver et al., *Osteoporos Int.*, 2016, 27, 367

15. Bjelakovic et al., *Cochrane Database Syst. Rev.*, 2014, 1, CD007470

16. https://www.health.harvard.edu/staying-healthy/dietary-supplements-do-they-help-or-hurt

17. https://www.pennmedicine.org/updates/blogs/health-and-wellness/2020/february/the-truth-about-supplements

18. https://newsinhealth.nih.gov/2013/08/should-you-take-dietary-supplements

19. Lassi et al., *Cochrane Database Syst. Rev.*, 2016, 12, CD005978

20. Szajewska et al., *Am. J. Clin. Nutr.*, 2010, 91, 1684

21. Goldenberg et al., *Cochrane Database Syst. Rev.*, 2017, 12, CD006095

22. Losso et al., *Am. J. Ther.*, 2018, 25, e194

23. Borota et al., *Nat. Neurosci.*, 2014, 17, 201

24. https://ods.od.nih.gov/factsheets/list-VitaminsMinerals/

11장 친환경 식품

1. https://www.mfds.go.kr/webzine/201611/02.jsp

2. Nordlee et al., *N. Engl. J. Med.*, 1996, 334, 688

3. Bauman, (2017) Retrotopia, Wiley

4. Duarte et al., *Acta Hortic.*, 2012, 933, 601

5. Brandt et al., *CRC Crit. Rev. Plant Sci.*, 2011, 30, 177

6. Hunter et al., *Crit Rev. Food Sci. Nutr.*, 2011, 51, 571

7. Asami et al., *J. Agric. Food Chem.*, 2003, 51, 1237

8. Barański et al., *Br. J. Nutr.*, 2014, 112, 794

9. Smith-Spangler et al., *Ann. Intern. Med.*, 2012, 157, 348

10. Hoefkens et al., *Food Chem. Toxicol.*, 2010, 48, 3058

11. Dangour et al., *Am. J. Clin. Nutr.*, 2009, 90, 680

12. EHEC O104:H4 Outbreak in Germany, 2011

13. Buckholz et al., *N. Engl. J. Med.*, 2002, 365, 1763

14. https://www.youtube.com/watch?v=8PmM6SUn7Es